中外名花
鉴赏 5 应用

涂传林 / 主 编

安徽师范大学出版社

·芜湖·

责任编辑:童 睿
封面设计:丁奕奕

图书在版编目(CIP)数据

中外名花鉴赏与应用 / 涂传林主编. — 芜湖 : 安徽师范大学出版社,2016.1
ISBN 978-7-5676-1998-2

Ⅰ.①中… Ⅱ.①涂… Ⅲ.①花卉-鉴赏-世界 Ⅳ.①S68

中国版本图书馆CIP数据核字(2015)第116130号

中外名花鉴赏与应用

涂传林 主编

出版发行:安徽师范大学出版社

芜湖市九华南路189号安徽师范大学花津校区 邮政编码:241002

网 址:http://www.ahnupress.com/

发 行 部:0553-3883578 5910327 5910310(传真) E-mail:asdcbsfxb@126.com

印 刷:浙江新华数码印务有限公司

版 次:2016年1月第1版

印 次:2016年1月第1次印刷

规 格:700 mm×1000 mm 1/16

印 张:12.875 插 页:3

字 数:212千

书 号:ISBN 978-7-5676-1998-2

定 价:32.50元

前　言

花卉是美的化身。达尔文在《物种起源》中说:"花是自然界的最美丽的产物。"作为大自然对人类的馈赠,花卉不仅集色、香、姿、韵等于一体,更重要的是其蕴藏的无限生机和活力赢得了人们的青睐。自古以来,观赏性一直都是人类对花卉进行审美的重要的价值内容。古代,人们就不仅能够欣赏自然界的花卉,还将花卉描绘、制作成各种各样的装饰图案来美化自己的生活,提高审美的趣味。随着人们生活水平的提高,花卉在人们的日常生活、社交礼仪、婚丧嫁娶、民俗风情等场合发挥着重要的作用。花卉与人们的生活息息相关,人们也越来越离不开花卉。

中外名花繁多,栽培历史悠久,具有深厚的文化底蕴。改革开放以来,爱花、赏花、用花的人愈来愈多;以花会友,用花传情的风气日益盛行;人们在享受花卉的色、香、姿、韵"四美"及食用价值的同时,渴望获得中外名花的识别、欣赏、应用及花卉文化等系统知识。

本书在简述花卉的概念、分类、鉴赏及应用等知识的基础上,精心挑选中外名花68种(国花39种、省花14种及市花15种),将其品种信息(名称、学名、别称、科属、分布及名花归属)、鉴别特征(形态结构、生活习性)、精彩赏析(花言草语、传奇故事及诗歌欣赏)及功能应用(园林绿化、社交礼仪及经济领域)等知识汇编成册,为广大花卉爱好者提供集花卉鉴别、欣赏与应用为一体的花卉文化套餐,旨在弘扬花卉文化,传播精神文明,为建设和谐美丽、生态文明的美好中国做出应有的贡献。

当仔细读完书中内容后,相信您一定能感受到众多中外名花悦目的色彩、馥郁的馨香、优雅的芳姿、高雅的神韵以及名花背后隐藏的丰厚的文化底蕴,让您的心灵在众多名花的带领下进行一次美的旅行和心灵的洗涤。在您回味这一美的旅程的时候,让我们一起衷心感谢安徽师范大学本科教学质量提升工程项目和生命科学学院联合开放基金项目的大力支持,感谢邵建章教授的耐心指导,感谢皖西学院文化与传媒学院涂加胜及安徽师范大学李真、吕国胜等教师的鼎力相助,感谢安徽师范大学园艺专业2009级的任欣卉、王雅婷、王丽娟、高冉冉、2010级的陈侠及2011级王慧媛等同学的辛勤工作,感谢本书编写过程中借鉴的诸多文献的作者!

　　由于编者水平有限,加之时间仓促,书中难免有错误和不当之处,敬请您不吝赐教,提出宝贵的修改意见,以便再版时进一步优化、完善。

目　录

第一章　绪　论

1.1　花卉的概念

什么是花卉?《现代汉语词典(第五版)》将其定义为:"花草。""花",本作"华",许慎《说文解字》中说:"华,荣也……卉,艸(同草)之总名也。"花,种子植物的繁殖器官;卉,各种草(多指供观赏)的总称。花卉是"花"和"卉"的合称。花卉有广义和狭义两种概念。狭义的花卉是指具有观赏价值的开花草本植物;广义的花卉除具有观赏价值的开花草本植物外,还包括地被植物、花灌木、花乔木等。由此可知,花卉是指具观赏价值,经一定技术进行栽培和养护的植物体及其一部分。花卉的观赏部位不限于花,还可以是果、茎、叶、根、种子等任何部位。

何为名花? 名花是指栽培历史悠久、品质优良、人民群众喜爱和知名度高的花卉。世界各国的国花、我国的省花及市花(见附表)无不为名花。

1.1.1　国　花

国花是一个国家的象征花,是一个国家完整领土、悠久历史和灿烂文化的象征,是民族团结的精神,是高尚人格美德的写照。国花反映了人民对祖国的热爱和浓郁的民族感情,具有增强民族凝聚力的作用。如今,世界上已有100多个国家确立了自己的国花。我国尚未确定现代意义的国花。

1.1.2　省　花

省花是一个省级行政区具有代表性的花,是一个省级行政区的自然象征物,具有借物寓情之意,以其代言该省人民群众的精神面貌与文化品质。例如,在1985年6月5日至7月10日安徽省评选省花、省树、省鸟活动中,因黄山杜鹃得票数(5 356张)遥遥领先,安徽省人大六届二十次常务会议于1986年3月1日正式批准黄山杜鹃为安徽省省花。

1.1.3　市　花

市花是城市形象的重要标志,也是现代城市的一张名片。作为市花,通常是该市常见的名花。市花的确定,不仅能代表一个城市独具特色的人文景观、文化底蕴、精神风貌,体现人与自然的和谐统一,而且对带动城市相关绿色产业的发展、优化城市生态环境、提高城市品位和知名度、增强城市综合竞争力,具有重要意义。例如,1984年9月25日,合肥市人大九届八次会议确定桂花、石榴为合肥市市花。

1.2　花卉的分类

花卉种类繁多,形态各异,不但包括有花的植物,还包括无花的苔藓和蕨类植物,其栽培应用方式多种多样。花卉因分类依据不同而类型多样。为帮助广大读者快速识别常见花卉,下面列举几种实用的分类方法。

1.2.1　按植物性状分类

1.2.1.1　草本花卉

草本花卉为茎干草质柔软的花卉,依其习性不同可分为:一年生草本花卉、二年生草本花卉、多年生草本花卉(宿根、球根花卉)和肉质多浆花卉。

1. 一年生草本花卉

一年生草本花卉为春季播种,夏秋开花结实,在一年内完成其生活周期的花卉,如翠菊、鸡冠花、一串红、半支莲等。这类花卉一般原产热带、亚热带地区,不耐寒,遇霜即枯死。

2. 二年生草本花卉

二年生草本花卉为秋季播种,翌年春夏开花结实,生活周期延续两年而完成的花卉,如金鱼草、金盏菊、三色堇、雏菊等。这类花卉多原产温带,喜较低的温度,不耐高温,夏季高温期则生长停滞。

3. 多年生花卉

多年生花卉为一次播种,可多年开花的花卉。据留土越冬器官的不同,可分为宿根花卉和球根花卉。

(1)宿根花卉:每年冬季地上部分枯死,地下根部休眠,翌春继续生长发育,如菊花、芍药、玉簪等,若冬季条件适宜它们可以保持终年常绿。

(2)球根花卉:地下根或地下茎变态呈现不同的结构与形状。依其地下根、茎变态的不同又可分为5类。鳞茎类:地下茎呈鳞片状,如水仙、百合、郁金香等;球茎类:地下茎呈球形或扁球形,如唐菖蒲、鸢尾、香雪兰等;根茎类:地下茎肥大呈根状,有明显的节,如美人蕉、荷花、姜花等;块茎类:地下茎呈不规则的块状或条状,如马蹄莲、彩叶芋等;块根类:主根肥大呈块状,如大丽花等。球根花卉由于具有肥大的地下茎或根,营养丰富,因而花朵较大且美丽。

4. 肉质多浆花卉

肉质多浆花卉为茎叶肥厚多汁,或叶变态为刺状,体内储藏有较多的水分,耐干旱环境的花卉,如仙人掌、石莲花、落地生根等。

1.2.2.2 木本花卉

木本花卉为茎干木质较坚硬的花卉,依其形态可分为:乔木类花卉、灌木类花卉和蔓生类花卉。

1. 乔木类花卉

乔木类花卉植株较高大,有明显的主干。常绿的如五针松、橡皮树、柑桔等;经冬落叶的如梅花、碧桃、白玉兰等。

2. 灌木类花卉

灌木类花卉株形低矮丛生,无明显的主干。常绿的如杜鹃、茉莉、南天竹等,落叶的如石榴、月季、牡丹等。

3. 蔓生类花卉

蔓生类花卉茎蔓生、匍匐或攀缘他物生长,如凌霄、紫藤、金银花等。

1.2.2　按对光照强度的要求分类

1.2.2.1　阳性花卉

阳性花卉又称喜阳花卉。此类花卉在阳光充足的条件下生长旺盛健壮,花大色艳,香气浓郁,若光照不足则易徒长,叶色淡绿,少花或不能开花,如半支莲、鸡冠花、月季、茉莉、扶桑等。

1.2.2.2　阴性花卉

阴性花卉又称喜阴花卉。此类花卉在弱光或散射光下生长良好,若置于强光下则生长停滞,茎叶易焦枯,甚至整株死亡,如兰花、杜鹃、文竹、吊兰、山茶、栀子、君子兰、南天竹等。

1.2.2.3　中性花卉

中性花卉又称喜半阴半阳花卉。此类花卉对光照的需求介于阳性花卉和阴性花卉之间,一般置于半阴半阳的条件下生长良好,如白兰花、蒲葵、南洋杉等。

1.2.3　按对日照长度的要求分类

1.2.3.1　长日照花卉

长日照花卉原产温带或寒带地区,一般要求经历每天12 h以上光照且持续一段时期后才能形成花芽。春夏开花的花卉多属此类,如翠菊、鸢尾、蒲包花、凤仙花等。

1.2.3.2　短日照花卉

短日照花卉多原产热带地区,一般要求经历每天12 h以下光照时间且持续一段时期后才能形成花芽。秋冬开花的花卉多属此类,如菊花、一品红等。

1.2.3.3　中日照花卉

中日照花卉形成花芽对每天日照的长短没有严格的要求,只要温度合适,一年四季均能开花,如月季、扶桑、香石竹、马蹄莲等。

需要指出的是,每日12 h的光照并非长日照花卉和短日照花卉的绝对界限。在一定的限度内,长日照花卉所处的每日日照时间愈长,开花愈早;短日照花卉所处的每日日照时间愈短,开花愈早。

1.2.4 按对温度的要求分类

1.2.4.1 耐寒花卉

耐寒花卉大多原产温带及寒带地区,能耐0℃以下低温,有的能耐-5℃～10℃的低温。在我国寒冷地区可以露地越冬,如石竹、玉簪、石榴、菊花等。

1.2.4.2 喜温花卉

喜温花卉大多原产热带或亚热带地区,喜温不耐寒,在华北地区需要室内越冬。它可分为:

1. 喜低温类花卉

此类花卉在华中地区可在庭院栽培,华北地区需要室内越冬,保持室温不低于0℃即可,如桂花、金桔、夹竹桃、苏铁等。

2. 喜中温类花卉

此类花卉在广州地区多为庭院栽培,在华北冬季室内越冬最低温度不宜低于5℃,如天竺葵、茉莉、扶桑、叶子花等。

3. 喜高温类花卉

此类花卉原产热带,生长发育要求高温,在华北地区冬季室温不宜低于12℃,如米兰、一品红、竹节海棠、瓜叶菊等。

1.2.5 按对水分的要求分类

1.2.5.1 旱生花卉

旱生花卉均较耐旱,特别是肉质多浆花卉,具有肥厚多汁的茎、叶或叶变态成刺或羽毛状,因而特别耐干旱,管理也较粗放,如南天竹、蜀葵、梅花及各种肉质多浆花卉等。

1.2.5.2　水生花卉

水生花卉需长期在水中生长,如荷花、睡莲、菖蒲、凤眼兰、水竹等。

1.2.5.3　中生花卉

中生花卉对水分的需要介于旱生花卉和水生花卉之间,要求土壤湿润,干湿适中,绝大多数花卉属于此类。

1.2.6　按栽培方式分类

1.2.6.1　露地栽培花卉

露地栽培花卉包括花乔木、花灌木、花境草花、花坛草花及地被植物等。

1.2.6.2　温室栽培花卉

温室栽培花卉包括低温温室栽培花卉,如仙客来、香雪兰、金鱼草等;暖温温室花卉,如大岩桐、玻璃翠、红鹤芋等。

1.2.6.3　切花栽培花卉

切花栽培花卉包括露地切花栽培花卉、低温温室栽培花卉和暖温温室栽培花卉等。

1.3　花卉的鉴赏

1.3.1　花卉鉴赏的基础知识

1.3.1.1　花卉学基本知识

赏花首先要知花。清代张潮《幽梦影》:"如菊以渊明为知己;梅以和靖为知己;竹以子猷为知己;莲以濂溪为知己……梅令人高,兰令人幽,菊令人野,莲令人淡,春海棠令人艳,牡丹令人豪,蕉与竹令人韵,秋海棠令人媚,松令人逸,桐令人清,柳令人感。"认识花卉是欣赏花卉美的前提。

1.3.1.2 文化背景

不同文化背景的赏花者,由于其所受的文化熏陶、所处的文化背景以及社会环境等存在差异,对花卉的审美习惯亦有所差异。钱穆在《现代中国学术论衡》中说:"西方文化主要在对物,可谓是科学文化;中国文化主要是对人对心,可称之为艺术文化。"这种文化精神和审美趣味的不同对花卉鉴赏也产生了深远的影响。在花卉观赏活动中,中国人崇尚精神,关注的重点是人的精神实质以及整个世界的精神归宿,把花卉看做是有生命的自然物,一种精神、人格、文化的象征,物我交融,你中有我,我中有你;西方人崇尚科学,关注的往往是科学技术的进步,把花卉看做是客观的存在物。

1.3.1.3 气象学知识

春、夏、秋、冬和日、月、风、雨、霜、雪等对花卉的鉴赏有很大的影响。明代袁宏道《瓶史》载:"赏花,茗赏者,上也;谈赏者,次也;酒赏者,下也……"并认为赏花要有时有地,不得其时,而漫然招来宾客,皆为唐突。花卉欣赏与其他审美活动不一样,除了需有良好的心境、高昂的情绪和浪漫的情调外,还应选择对赏花最有利的天时良辰和赏花佳处。

1.3.2 花卉鉴赏的方法

1.3.2.1 花卉色彩美的鉴赏

由于花卉的色彩能对人产生一定的生理和心理作用,因而就具有一定的感情象征意义。由于视觉经验的不同,人们在看到一种花色时,往往会联想到与其相关的事物,影响人的情绪,产生不同的情感。

1. 红 色

红色常常是同血与火相关联,蕴藏着巨大的能量,充满活力,给人温暖,使人激动、兴奋、积极向上。

2.黄　色

黄色象征智慧，表现光明，带有至高无上的权威和宗教的神秘感。此外，它还是丰满甜美之色。

3.蓝　色

蓝色是一种消极、冷酷的颜色，常常与平静、寒冷、阴影相联系。它对西方人来说，意味着信仰；对中国人来说，则象征不朽。此外，蓝色还带有肃穆的气氛。

4.绿　色

绿色是大自然最宁静的色彩。它使人联想起草地、树林，是生命、自由、和平与安静之色，给人以充实与希望之感。

5.橙　色

橙色是温暖而欢乐之色，能使人联想到橘子、稻谷与美味的食品。此外，它还带有力量、饱满、决心、胜利的感情色彩。

6.紫　色

紫色是神秘而沉闷之色。紫色在色谱上处于冷极和暖极之间，是一种较为平静的色彩，使人有一种虔诚和衰弱感。紫色在大自然中又是比较稀有的色彩，有高贵之感。

花朵的色彩是大自然中最为丰富的色彩来源之一，基本上可以囊括色谱中的每一种色彩。

红色系花卉：一串红、虞美人、石竹、半支莲、凤仙花、鸡冠花、一点缨、美人蕉、睡莲、牵牛、茑萝、石蒜、郁金香、大丽花、荷包牡丹、芍药、菊花、海棠花、桃、杏、梅、樱花、蔷薇、玫瑰、月月红、贴梗海棠、石榴、红牡丹、山茶、杜鹃、锦带花、夹竹桃、合欢、紫薇、紫荆、榆叶梅、木棉、凤凰木、木本象牙红、扶桑等。

黄色系花卉：花菱草、金鸡菊、金盏菊、蛇目菊、万寿菊、秋葵、向日葵、黄花唐菖蒲、黄睡莲、黄芍药、菊花、迎春、迎夏、云南黄素馨、连翘、金钟花、黄木香、金桂、黄蔷薇、棣棠、黄瑞香、黄牡丹、黄杜鹃、金花茶、金丝桃、蜡梅、金缕梅、黄花夹竹桃、云实等。

蓝色系花卉：鸢尾、三色堇、勿忘草、美女樱、藿香蓟、翠菊、矢车菊、葡萄风信子、耧斗菜、桔梗、瓜叶菊、凤眼莲、紫藤、紫丁香、紫玉兰、木槿、泡桐、八仙花、醉鱼草等。

白色系花卉：香雪球、半支莲、矮雪轮、石竹、矮牵牛、金鱼草、白唐菖蒲、白风信子、白百合、晚香玉、葱兰、郁金香、水仙、大丽花、荷花、白芍药、茉莉、白丁香、白牡丹、白茶花、溲疏、山梅花、女贞、白玉兰、广玉兰、白兰花、珍珠梅、栀子花、梨、白鹃梅、白碧桃、白蔷薇、白玫瑰、白杜鹃、绣线菊、白木槿、白花夹竹桃、络石、日本香雪球、木绣球、琼花等。

1.3.2.2 花卉芳香美的鉴赏

花香有浓、清、远、久之分。例如,兰花有"第一香、香祖、国香、王者之香"之称,正如余同麓在《咏兰》中所描写的:"坐久不知香在室,推窗时有蝶飞来。"

1.3.2.3 花卉风姿美的鉴赏

"花以形势为第一,得其形势,自然生动活泼。"不同花卉的花形、叶形、枝干、根与根脚等各具欣赏价值。

1.3.2.4 花卉神韵美的鉴赏

花卉神韵美是指花的风格、神态以及蕴藏于花中的精神气质。花同人一样具有心智、良知,也有感悟和情义。宋赵时庚在《金漳兰谱》中说:"草木之生长亦犹人焉,何则? 人亦天地之物耳!"明代袁宏道在《瓶史》记载:"夫花有喜、怒、寤、寐、晓、夕,浴花者得其候,乃为膏雨。淡云薄日,夕阳佳月,花之晓也;狂号连雨,烈焰浓寒,花之夕也;唇檀烘日,媚体藏风,花之喜也;晕酣神敛,烟色迷离,花之愁也;欹枝困槛,如不胜风,花之梦也;嫣然流盼,光华溢目,花之醒也。"花与人是相通的,不但有情有义,还能"解语",即解语花,罗隐《牡丹花》:"若教解语应倾国,任是无情也动人。"

园林中利用植物与风雨的巧妙配合表现风雨的声响魅力,如松涛声、竹啸声等。广东清晖园楹联:"风过有声留竹韵,月夜无处不花香。"苏州拙政园有"留得残荷听雨声"。

在古人看来,植物是有灵性、生命和情感的,所以多引花卉为知己。辛弃疾:"一松一竹真朋友,山鸟山花好弟兄。"苏轼:"只恐夜深花睡去,故烧高烛照红妆。"杜甫:"感时花溅泪,恨别鸟惊心。"正如金圣叹所说:"人看花,人销陷到花里边去;花看人,花销陷到人里边来。"

这实际上把人与花的关系推到某种出神入化的境界。人们欣赏花卉,同时就在欣赏自己的内在品质。自古以来,人们赋予花卉许多丰富而深邃的内涵。"花中四君子""岁寒三友"成为中国绘画的题材和园林艺术的传统搭配。此外,寓意"玉堂富贵"的玉兰、海棠、牡丹、桂花,荷花的出淤泥而不染,水仙的冰肌玉骨,牡丹的国色天香,红豆表示相思,紫薇象征和睦……不同的花有不同的风姿和神采,寄寓着不同的情感和理想。

综合上述,花卉鉴赏就是要善于鉴别与欣赏花卉的色美、香美、姿美和韵美。尤其是鉴赏蕴藏于花卉之中的意蕴,即神韵。神韵美是色美、香美、姿美三者的结合。色、香、姿三美给人以自然美、外形美的享受,而花卉内在的艺术美、抽象美,却要通过欣赏它的神韵美去体会。赏花者透过欣赏花的色、香、姿,领略其神韵,产生丰富遐想,并赋予某种象征意义,达到人与花之间相通的意境。这是赏花的最高境界。

1.4 花卉文化简介

花卉文化,是指花卉在栽培、传播、鉴赏过程中,与其他文化门类相互影响、互相融合而形成的相对独立的文化现象和文化信息的总和。它包括花卉栽培、花卉食材、花卉疗法等形式的物质文化,以及花卉绘画和雕刻、花卉民俗、花卉文学等形式的精神文化。

1.4.1 中国花卉文化发展简史

1.4.1.1 原始社会、先秦时代——始发期

在新石器时期的仰韶文化、河姆渡文化、大汶口文化中,我们就已经发现了刻花陶盆、彩陶花瓣纹盆,当时人们有了一定的花卉绘画水平和对花卉的审美能力;在《周礼》《礼记》就有有关花卉的栽培记载;《诗经》中,共记载了130多种植物,其中不少是花卉植物,此时已经有了将人的容貌比作花的文献资料,如《诗经·有女同车》:"有女同车,颜如舜华……有女同行,颜如舜英。"舜,就是木槿花;《楚辞》中记载了大量的香花、香草,等等。这些都说明花卉在当时已经与人们的生活有很密切的关系,人们对花卉有了一定的认识。

1.4.1.2 两汉、魏晋南北朝——兴盛期

这个时期人们认识花卉的数量、种植的规模伴随着生产力的提高而提升。汉朝国家统一,经济繁荣。汉武帝于公元138年重修上林苑,网罗搜集奇花异草达到3 000多种,皇家园林规模和种植花卉植物的数量不断扩大。魏晋南北朝时期,门阀制度兴盛,一些名门贵族建有自己的私人园林,而当时的名士把寄情于大自然的山水作为对抗黑暗社会的一种精神寄托,这客观上也促进了花卉文化的繁荣。例如,西晋嵇含《南方花木状》中,记载了南方花卉80余种;东晋戴凯之《竹谱》中,记录的竹子就有70多种;南朝用花卉图案来装饰器皿,出现了青瓷莲花盆;北魏贾思勰的《齐民要术》对园林树木的栽种和培育有了较为详细、系统的介绍。

1.4.1.3 隋、唐、宋朝——繁盛期

隋炀帝修建西苑,网罗天下奇花异草。唐代花文化十分繁荣,上至王公贵族,下至文人雅士,莫不对花卉有浓厚的兴趣,种花、赏花已经成为当时人们生活的重要部分。特别是牡丹,在唐代非常受欢迎。刘禹锡《赏牡丹》:"庭前芍药妖无格,池上芙蕖净少情。唯有牡丹真国色,花开时节动京城。"李白《清平调》三首:"云想衣裳花想容,春风拂槛露华浓。若非群玉山头见,会向瑶台月下逢。""一枝红艳露凝香,云雨巫山枉断肠。借问汉宫谁得似,可怜飞燕倚新妆。""名花倾国两相欢,常得君王带笑看。解释春风无限恨,沉香亭北倚栏杆。"宋代的私人园林已经很兴盛,如李格非的《洛阳名园记》就记载了20多处园林,其中种植的花卉数目繁多。有关花卉的专著也逐渐增多,如张峋《洛阳牡丹花谱》、范成大《范村梅谱》、王学贵《兰谱》等。唐宋时期,花卉绘画也日渐繁荣,如周昉《簪花仕女图》、宋徽宗《芙蓉锦鸡图》等。

1.4.1.4 明、清朝——没落期

明清,中国封建社会进入没落期。花卉种植规模萎缩,许多珍贵的花卉品种流失海外。但是,明清之际,花卉开始了商品化生产;皇家园林数量、规模空前,如圆明园、承德避暑山庄等;私人园林蓬勃发展,如苏州的留园、拙政园,上海的豫园等。此时,花卉专著颇丰,如明代

袁宏道《瓶史》、王象晋《群芳谱》、王灏《广群芳谱》、吴其俊《植物名实考》等。

1.4.1.5　新中国——兴旺发达期

新中国成立后,我国花卉产业经历了恢复发展、挫折破坏、繁荣兴旺的过程。特别是改革开放30多年来,花卉业迅猛崛起,成为我国种植业中发展速度较快的新兴产业之一。花卉作为商品已走进千家万户,成为人民生活不可缺少的消费品。花卉业已成为调整农业结构、发展农村经济的新的增长点,部分地区农民增收致富的有效途径。

1.4.2　中国花卉文化的特点

1.4.2.1　闲情文化

中国花卉文化,从本质上来说,是一种东方式的闲情文化,人们通过"莳花弄草"来寄托一种闲情,表达一种雅致。明人袁宏道在《瓶史》中说:"夫幽人韵士,屏绝声色,其嗜好不得不钟于山水花竹。"

1.4.2.2　多功能性

中国的花卉文化涉及范围广。花卉不仅是人们心目中种种花草的形象,成了幸福、吉祥、长寿的化身;再加上各种花草本身所具有的实际功用,成为人们食物、药物的来源,与人们的衣食住行、婚丧嫁娶、岁时节日、游艺娱乐等发生了密切的联系。同时,花卉与中国绘画、文学等传统艺术之间的结合,使得中国花卉文化涵括了诸多文化门类,具有精神文化特点。

1.4.2.3　泛人文观

泛人文观的一个显著特征就是把世界上的一切事物都与现实人生联系起来。在花卉观赏活动中,更能体现中国人别具一格的生命感悟方式。中国古人由于受道家思想的影响,在潜意识深处,把花卉当成与自己一样的有生命的活物看待。人们把花神化或人化(如传说中梅花神是宋代隐士林逋、兰花神为屈原、莲花神为西施、菊花神为陶潜),拜花为友(如岁寒三友、花中十友),尊花为师(如花中十二师)……凡此种种无不体现了"万物与我齐一"的老庄思想。在这种观念支配下,古人往往把自身的价值取向,也寄喻在花卉身上,将花卉分成帝王、宰相、君子、师长、朋友、仆人的等级,赋予人格化的内涵。

花卉和中国文化相结合、发展是多方面的。它不仅与中国人的物质生活息息相关,还与中国的精美工艺相结合而向艺术化方向发展。凡此种种,都说明花卉是中国文化不可缺少的一部分。诚然,中国的花文化,貌似以"花"为中心,其深层实则是以人为中心的。否则,花就不可能转化为以人为中心的文化现象了。

1.5　花卉的应用

花卉不但具有良好的环境保护与美化功能(如消音、吸尘、防污染、调节温湿度、造景与装饰等),而且还有传承文化的作用,以及蕴藏着巨大经济价值。花卉以其千姿百态、丰富色彩和馥郁芳香,形成了姹紫嫣红、五彩缤纷的自然美景,使人们在工作之余、劳动之后,得以休憩、娱乐和欣赏美景,既促进了社会文明建设,又陶冶了人们的情操,更增强了人们的身心健康。

1.5.1　生态功能的应用

花卉是园林绿化、美化和香化的重要材料。在园林绿地、建筑物周围、道路两旁、空旷地、水面等栽种花卉,使花卉在园林中构成花团锦簇、绿草如茵、荷香拂水、空气清新的意境,以最大限度地利用空间来达到人们对园林的文化娱乐、体育活动、环境保护、卫生保健、风景艺术等多方面的要求。花卉在园林中最常见的应用方式是利用其丰富的色彩、变化的形态等来布置出不同的景观,主要形式有花坛、花境、花丛、花群以及花台等,而一些蔓生性的草本花卉还可用以装饰柱、廊、篱以及棚架等。

1.5.1.1　花　坛

花坛是一种比较特殊的园林绿地,在一定几何图形的栽植床内布置各种色彩艳丽或纹样优美的花卉,构成一幅显示群体美的平面图案。通常床面高出地面或中央高四周略低的曲面;边缘为砖石、水泥或栏杆等结构,也有镶嵌其他装饰性的材料。花坛一般设计在广场、道路的中央或两侧、建筑物前后等人流较多的地段。布置同一花坛可由1~3种花卉组成,种类不宜过多,要求图样简洁、轮廓鲜明、色彩明快。其常选用植株低矮、生长整齐、花期集中、花朵繁茂、色彩鲜艳、管理方便的花卉。

1.5.1.2 花 境

花境是一种带状自然式的花卉布置,以树丛、林带、绿篱或建筑物作背景,常由几种花卉自然块状混合配植而成,表现花卉自然散布生长的景观。花境的边缘常依环境的变化而变化,可以是自然曲线,也可以是直线。适宜布置花境的植物材料即花卉的种类较花坛广泛,几乎所有的露地花卉均可选用,其中以宿根花卉、球根花卉为适宜,最能发挥花境的特色。这类花卉栽植后能够多年生长,无需年年更换,比较省工,如玉簪、石蒜、萱草、鸢尾、芍药、金光菊、蜀葵、芙蓉葵、大花金鸡菊等。球根花卉因其枝叶较少,园地易裸露,可做株间配植低矮的花卉种类。花境中各种花卉的配植必须从色彩、姿态、株形、数量,以及生长势、繁衍能力等多方面搭配得当,形成高低错落、疏密有致、前后穿插,花朵此开彼谢的景观,一年内富有季相变化,四季有花观赏。一般花境一旦布置成功,能多年生长,供长期观赏。

1.5.1.3 花 台

花台是一种明显高出地面的小型花坛。花台四周用砖石、混凝土等堆砌作台座,其内填入土壤,栽植花卉,一般面积较小。常在广场、庭园的中央,或设计在建筑物的正面或两侧。花台的配植形式可分为两类:

1. 整齐式布置

其选材与花坛相似,由于面积较小,一个花台内通常只选用一种花卉,除一、二年生花卉及宿根、球根花卉外,木本花卉中的牡丹、月季、杜鹃花、迎春、金钟、凤尾竹、菲白竹等也常被选用。由于花台高出地面,所以选用株形低矮、枝繁叶茂并下垂的花卉如矮牵牛、美女樱、天门冬、书带草等为宜。

2. 盆景式布置

把整个花台视为一个大型的盆景,按制作盆景的造型艺术进行配置花卉。常以松、竹、梅、杜鹃花、牡丹等为主要植物材料,配饰以山石、小草等。构图不着重色彩的华丽,而以艺术造型和意境取胜。这类花台的台座也常按盆景盆座的要求而设计。

1.5.1.4 篱垣和棚架

篱垣和棚架是利用蔓性花卉可以快速将其绿化、美化,可点缀门楣、窗格和围墙。由于草本蔓性花卉茎秆十分纤细、花果艳丽,装饰性强,其垂直绿化、美化效果可以超过藤本植物,有时用钢管、木材做骨架,经草本蔓性花卉的攀援生长,能形成大型的动物形象,如长颈鹿、金鱼、大象,或形成太阳伞等,待蔓性花草布满篱、架后,细叶茸茸、繁花点点,甚为生动有趣,适宜设置在儿童活动场所。草本蔓性花卉有牵牛、茑萝、香豌豆、风船葛、小葫芦等。这类花卉质轻,不会将篱、架压歪压倒。有些棚架和透空花廊,可考虑用木本攀援花卉来布置,如紫藤、凌霄、络石、蔷薇、木香、猕猴桃、葡萄等,它们经多年生长后能布满棚架,有良好的观赏和庇荫效果。特别是攀援类月季,具有较高的观赏性,可以构成高大的花柱,也可以培育成铺天盖地的花屏障。

1.5.1.5 水面绿化

水生花卉可以绿化、美化池塘和湖泊等水域,也可装点小型水池;还有些适宜于沼泽地或低湿地栽植。栽培各种水生花卉使园林景色更加丰富多彩,同时还起着净化水质,保持水面洁净,控制有害藻类的生长等作用。根据不同的环境条件及景观要求,对水生花卉的选择有所不同。沼泽地和低湿地带常栽培千屈菜、香蒲、石菖蒲等;处于静水状态的池塘宜栽睡莲、王莲。水深1 m左右水流缓慢的地方可栽植荷花,水深超过1 m的湖塘多栽植萍蓬草、凤眼莲等。如果水非常深,则不宜栽植水生植物,可按要求筑砌栽植槽,或用缸、盆栽入水生花卉成活后,沉入水中再进一步培育,以达到美化水面的目的。

1.5.1.6 盆花布置

盆栽花卉或温室花卉作室内点缀,或作花卉展览,目前较为常见。根据花卉的生态习性和应用目的,合理地将盆花陈设、摆放。大型观赏植物给人以雄伟、庄重的感受,一般门厅内宜陈设高大的观赏植物,如南洋杉、印度橡皮树、大型龟背竹、叶子花等,形成气派不凡、多姿多彩、优美壮观的景色,给人留下美好的印象。通常花卉中的观叶类型比较耐阴,宜作室内较长时间的陈设,但有些阴性花卉视其生长习性,在室内摆放一定时间以后就须移出,给予散射光照,保持生长势。观花类中多数属阳性花卉,阳性花卉一定要置于有光照处,否则会出现叶萎枝垂、花色暗淡、毫无生气的状态,但在开花期做 3~5 d 的室内陈设观赏,影响不大。吊挂盆花的高度宜略高于视线,便于成景和欣赏,为了提高观赏效果,常用陶盆、瓷盆做素烧盆(瓦盆)的套盆,将盆花移入室内作装饰、点缀,有经验者常是把诸多盆花轮换摆放,以便始终保持花卉植株生机勃勃、富有活力,苗壮、茂盛的形象。小型盆花如文竹、伞草,水养水仙,小型仙人球类等,宜作桌台几案或柜上的陈设,显得文静、幽雅。若光照、温度等环境因子不相宜,则必须定期更换,保持正常的生长势。

此外,能耐干旱、瘠薄土壤的岩生花卉可以布置岩石园,如肉质多浆花卉、蕨类及虎耳草、沿阶草等,植于石泉间隙或低洼凹陷处,使岩石更趋自然和别具风采。

1.5.2 文化功能的应用

花卉是美丽的自然产物,给人以美的感受。随着生活水平的不断提高,人们不满足于只在园林绿地中赏花娱乐,还要求用花卉进行室内美化,装饰生活环境,丰富日常生活。在现代社会生活中,时时处处都可用到花卉,如会场布置、环境装饰、探亲访友以及婚丧礼节等;在国际交往中,花卉已成为表达敬意和友谊、增进团结、促进科学文化交流的最好方式之一;人们通过评选国花、省花、市花,使其具有教育意义;学校建设植物园,栽培各种野生花卉及植物,以便普及自然科学知识、丰富教学材料、提供科学研究条件……可见,花卉已广泛应用于生活的方方面面。下面简要介绍花卉在社交礼仪活动中的应用知识。

1.5.2.1 切 花

所谓切花,即切取花卉植株的茎、叶、花、果,用于制作各种礼仪花卉,在社交礼仪活动中美化和装饰环境或表达情感。随着国际、国内社交活动的日益频繁,应用礼仪花卉作为幸福、美好、友谊的象征,将不断地得到发展。切花可以用于制作花束、花篮、花环、花圈、佩花,以及用于插花制成瓶花、盆花等。

1. 常见切花种类

观花类:紫罗兰、香石竹、金鱼草、金盏菊、香豌豆、百合、郁金香、马蹄莲、石蒜、朱顶红、香雪兰、唐菖蒲、菊花、翠菊、非洲菊、鸡冠花、百日草、麦秆菊、鹤望兰、牡丹、芍药等。

观叶类:苏铁、八角金盘、龟背竹、广东万年青、蕨类、一叶兰、虎尾兰、美丽针葵等。

观茎类:文竹、天门冬、竹节蓼、仙人柱类等。

观果类:火棘、金桔、南天竹、五色椒、小葫芦、佛手、枇杷、石榴等。

其他:银柳、叶子花、芦苇和画眉草的花序等。

2. 花枝的切取

花枝的切取时期应根据花卉的生长和开花习性。例如,观花类通常在花蕾已含苞欲放或半开放时的早晨剪取;唐菖蒲花序的花朵自下向上逐步开放,而在第一朵花绽放后及时带花序梗剪取;切取香石竹常在花朵初开时,带长约60 cm的茎剪下。此外,有些花朵半开放时剪下作插花,常不能正常地开放,这类花卉要让其自然开放后才能切取,如香豌豆等。

花枝的切取方法应从植物生理的角度考虑,使切离植株的花枝内部的输导系统能维持吸收水分和蒸腾的平衡。这样能有效地延长花枝的新鲜程度,延长保鲜期。因此,要讲究切取的方法。

(1)水中切取:将花枝弯曲于水中切离母体,使切口不与空气接触,并将切取花枝的下部移入切花盛器的水中,待使用时再剪去一段花枝,使花枝内输导组织不暴露空气中,保持通畅的导管液流,使花朵得到充足的水分供给。操作时,事先做好各项准备,动作要迅速、果断、准确。

(2)烫烧切口:切取含有乳汁的花枝时,切后立即将切口浸入沸水中约20 s,或在火焰上将切口烤至枯焦。这种做法可以防止花枝内组织液外溢,并在插入水中后有利于吸水,从而延长保鲜期。一般来说,对草质茎(枝)用水烫,木质茎用火烤,操作时勿使花枝的花朵、叶片灼伤。

（3）扩大切口：将花枝基部斜切，或剪下后在切口对花枝再纵向剪2~4个裂口，并嵌入石粒等撑开裂口，扩大切口的吸水面。一般常用斜切（剪），增多切面裂口常用于木本花卉。

（4）药剂处理：应用药剂主要是灭菌防腐，或促进花枝继续生长防止产生乙烯引起花瓣脱落。这是延长保鲜期的有效途径。常用药剂有高锰酸钾、石苯酚、硼酸、水杨酸等，使用的生长调节剂和营养物质有维生素C、阿司匹林、蔗糖、食盐等，配制成适宜的浓度作保鲜液，延长保鲜期，效果显著。

此外，花枝瘦弱的可用细金属丝缠绕于枝上加固；花瓣易落的可滴熔化的石蜡于花瓣基部，或提前去雄，如对百合花、朱顶红花朵去雄后能明显延长花期。

1.5.2.2 花　束

花束是将3～5支或更多的花枝合扎在一起成束，基部不宜粗大要方便握持，具有绿叶和鲜艳花朵的风采，用于表达友谊或祝愿的感情。例如，祝贺生日、节日，礼节性拜访，送上一束花，盛情气氛油然而生，文明高雅。

用于制作花束的切花材料不应有刺，如果选用的花枝有刺应提前去除。对具异味或易污染衣服的材料，一般不采用。通常用于制作花束的花枝有唐菖蒲、月季、香石竹、菊花、马蹄莲、晚香玉、郁金香、香雪兰、非洲菊、百日草、翠菊、紫罗兰、文竹、肾蕨、石松等。花束的形状和大小，要考虑用途及风俗习惯等因素。简单小型的花束可以是单一种类的花枝，大型花束应用几种的切花材料，如香石竹配文竹、马蹄莲，唐菖蒲配晚香玉、天门冬等。花束一般要求花枝挺直，对于柔软的花枝可用细金属丝支撑定型。花枝基部用水浸湿，外包蜡纸或保鲜膜，以利延长观赏时间。花束的手握处不宜过粗，整理后用锡纸、铝箔等包在外面，花束的上部镶以透明塑料膜，或饰以彩带，可谓"锦上添花"，增加美感。

我国有些地区的群众有用花枝、花束表达感情的习惯，把鲜花作为传递真、善、美的信物。如云南西双版纳和澜沧江等地的哈尼族青年，如果一个小伙子看中了意中人，他就会采一束山茶花或月季花，托人送给心爱的姑娘。在对外交往中，为了表达友好之情，常献上一束使对方高兴的花,如紫藤花表示欢迎,月桂表示荣耀,矢车菊表示优雅。但是,敬送花束时应弄清楚和尊重各国友人的习俗,恰当地表达出各种花的含义。

1.5.2.3　花　篮

花篮通常采用竹、柳条、藤等材料编织成篮状构造,其内插以鲜花而形成花篮。一般多作为喜庆、祝贺的礼物,有时也用作纪念、悼念等活动。花篮的外形通常为圆形、椭圆形或长方形,均有较长的提把。花篮的大小差异很大,大者高、宽可达1 m以上,小者仅数l0 cm,前者供就地放置,后者用以装饰几案等。

为了保持花篮内花枝的新鲜度,篮内可置一盛水容器,常选用质轻的塑料制品,同时安放草束或花泥,便于固定插入的花枝。供制作花篮用的切花如果过于细弱或姿态不适合时,可用细金属丝缠绕扶持;花枝过短的可绑于细竹签上加以延长。在插入花枝之前先插一些配叶,对篮体加以填补和遮挡。花篮的提把也可用配叶装饰或用彩带缠绕,然后配插一些不易干枯的花朵。同时,插入主体花枝,为防止篮内花枝倾倒紊乱,应将花枝与篮体相应地固定,并将固定物作适当隐蔽。最后,制成的花篮应该姿态丰满、花朵茂盛。

1.5.2.4　花圈及花环

花圈是用竹材或树枝编织成的环状物,其上用稻草等物包裹,再覆盖绸布或绑扎上绿色枝叶将草环等遮盖住,然后插上鲜花即成。我国习惯上使用花圈表达哀悼之情,用于祭奠活动。为了减少花枝水分蒸发,花圈上的草环应浸水或喷水使之湿润,并尽量选用不易干枯的切花,以便延长使用期。草本切花因茎秆柔弱不易插入草环中,可以事先将花枝扎于细小竹签上,然后再插。为了便于陈设摆放,花圈应带有支架或底座。花圈上应用的花朵色彩,常以冷色花如蓝、紫色,或中性色白色等为主,形成宁静、哀悼的气氛。

花环是用花枝和细绳,或直接用花枝串联扎成的环状饰物。大者可套在人的脖子上,小者可挂在胸前,以示尊敬和欢迎。当前,国际间的交往应用花环较多,所选用的切花应无异味和不会污染人的服饰,有些花朵花瓣的色彩或雄蕊的花粉会污染衣服,如百合花、朱顶红的花朵的花粉很易自然散落,引起染色,所以不宜使用。

1.5.2.5　人体佩花

人体佩花,是用细金属丝将花朵绑扎,佩戴于胸前或鬓发处作人体佩饰。佩花的传统花卉有茉莉、白兰、代代等小型香花,色彩素雅,香气袭人,常细致制作成多种造型,如蝴蝶状、孔雀状等。

现代流行的佩花,色香并重,常以香石竹、月季、香堇等色彩艳丽的香花,再配以文竹等纤细青翠的枝叶构成饰物佩戴。宜作佩花的切花,以质地轻柔、花叶纤细,不易凋萎、不污染衣服,并具芬芳香气的花朵为佳品。

1.5.2.6　插　花

我国插花历史悠久,源于六朝,盛行于唐宋,普及于明清。有庄严肃穆的宗教插花,富丽堂皇的宫廷插花,清雅脱俗的文人插花和热闹喜气的民间插花。目前,明代袁宏道的《瓶史》被认为是世界上最早的插花艺术专著,载有花目、品第、宜称、清赏等12篇,对国内外影响较大。

插花是一种室内装饰艺术,是以切取植物可供观赏的枝、叶、芽、花、果、根等为材料(现代插花还用一些硬质材料),插入一定的容器之中,按照一定的设计原则,组成一件精致美丽、富有诗情画意的花卉装饰品,艺术地再现自然美和生活美。插花是一门技术,属于个人创作。一件优秀作品不但能使人得到艺术的享受,而且使人浮想往事、展望未来,得到尽善尽美的艺术效果。

顾名思义,插花就是把花插在瓶、盘、盆等容器里,而不是栽在这些容器中。所插的花材,如枝、花、叶,均不带根,只是植物体的一部分。插花是根据一定的构思来选材,遵循一定的创作法则,插成一个优美的形体(造型),借此表达一种主题,传递一种感情和情趣,使人看后赏心悦目,获得精神上的美感和愉快。所以,插花是一门艺术,同雕塑、盆景、造园、建筑等一样,属于造型艺术的范畴。

插花看似简单容易,然而要真正插成一件好的作品却并非易事。因为它既不是单纯的各种花材的组合,也不是简单的造型,而是要求以形传神,形神兼备,以情动人,融生活、知识、艺术为一体的一种艺术创作活动。国内外插花界都认为,插花是用心来创作花型,用花型来表达心态的一门造型艺术。

插花制作过程也是娱人、感人的过程。它能给人一种追求美、创造美的喜悦和享受,能使人修身养性,陶冶情操。同时,插花也成为人类生活中重要的组成部分,是反映人们文化素养及社会文明程度的标志之一。

随着国际交往的增加,旅游事业的发展和人民生活水平的提高,花卉及花卉装饰已成为喜庆迎送、社交活动、生活起居及工作环境的必需品和组成部分。

1. 插花的特点

插花艺术同绘画、雕塑、盆景以及园林设计等艺术形式一样,具有一定的文化特征,体现一个国家、一个民族或一个地区文化和社会的传统。插花艺术属于造型艺术范畴,虽与上述的造型艺术有共同之处,但仍有自己的特点。

插花与绘画、雕塑有明显的差异。插花不能用文字或画笔来表达,只能通过具有生命力的花草、树木及水体、山石等具体的自然物质材料来表现。这些具有生命力的花草、树木,在制作和审美活动中不是永恒不变的,而是进行缓慢的生命活动。不同的植物体表现出不同的意境和情趣,如萌动的芽、含苞待放的花朵、枯萎的残荷以及累累的红果等,它不仅表现出无限的生命力和生命过程的美,而且还展现四季的景象,给人以无限的情思和遐思。不同的植物表现出不同的含义,如月季代表爱情、粉红石竹代表母亲(在世)的爱等。若在室内陈设一瓶古朴的梅花,就会使人产生春天的感觉,进一步使人联想到梅的"四德五福"("四德"即初生为元,开花为亨,结子为利,成熟为贞;"五福"即欢乐、幸运、长寿、顺利、和平);若陈设一瓶华丽的牡丹,给人以雍容华贵之感;若陈设一盆水仙的插花,就给人以恬静之感;若陈设娇艳多姿的月季,会使人感到温暖和愉快。这些植物材料的魅力是其他艺术造型材料所无法取代的。除此之外,插花与盆景及室内其他观赏植物相比,还有许多独特之处。

(1)装饰性强。插花艺术品具有渲染烘托气氛、富有强烈的艺术感染力及美化环境的功能。由于插花作品的形状、大小、色彩和意境等都可以随环境、季节、人意来组织和表现,因此,插花最适宜与环境取得一致、和谐,达到明显的艺术效果,并且美化装饰环境速度最快。

（2）时间性强。插花艺术作品所陈设的时间较短,一般在一星期左右,因此构思、造型要求迅速而灵活,并且要经常性的更换花材,重新布置。所以,插花作品适用于短时间,临时性的应用,如会议、宾馆、艺术插花等。

（3）随意性强。插花艺术的随意性、灵活性比较大,即在插花的创作和作品陈设布置都比较简便和灵活,创作者即使没有合适的工具和容器,没有高档而鲜艳的花材,只要有一把剪刀和一个能盛水的容器如烟灰缸、茶杯、碟、碗等。哪怕是宅房的绿叶或田间路边的野花小草等,甚至瓜、果、蔬菜、粮食作物等,均可随环境需要进行构思造型或随时随地取材,即兴创作。其作品的陈设布置同样也可随需要挪动或重新布置。

（4）作品精致。插花作品是融艺术性与生活性于一体,因而作品表现出精、巧、美,体积比较小,常以质、色、形取胜。

2. 插花的作用

插花具有美化环境、陶冶情操、普及花卉知识、净化空气等作用。随着人们生活水平的提高,鲜花逐步走进千家万户,成为人们生活中一种必不可少的消费品。插花作为鲜花的重要布置形式也必将大众化、业余化。

3. 插花的类别

由于所处的地理位置、文化传统、民族特点的差异,世界各国插花艺术上的风格也各不相同。插花的分类可按照艺术风格、用途、花材的特点。

（1）依据插花艺术的风格分类。①西方式插花:又叫密集式插花或大堆头插花。主要特点是:整个插花的外形为几何图形,造型简单、大方,色彩以艳丽浓厚为主,花材种类多,数量大,作品形体比较高大,表现出热情、奔放、华丽的风格。此外,还注重花材的形式美和色彩美,并以外形表现主题内容,追求插花作品的块面和群体的艺术效果,而不太讲究花材的个体美或姿态美,尤其不讲究枝叶的表现,仅将它们作为陪衬或作遮掩花泥和花插容器之用。在我国此类插花广泛应用于宾馆、会议布置,能强烈地烘托热烈、欢腾之气氛。②东方式插花:也称为线条式插花,其代表为中国和日本。主要特点是崇尚自然,

中外名花鉴赏与应用

22

师法自然并高于自然。一般选用的花材比较简练,不以量取胜,而以姿和质取胜,不仅着力表现花朵的美,而且十分重视枝、叶和果实的表现力及季节的感受。造型上以自然线条构图为主,形体小巧玲珑,色彩上以淡雅、朴素著称,主题思想明确,力求考虑三种境界即生境、画境和意境。生境即师法自然,高于自然;画境则遵循绘画原则和原理,达到美如画的境界;意境即插花的任务和目的,具有一定的主题思想,含蓄深远,耐人寻味和遐思,表现出作者的情怀和寄托。东方式插花可归纳成一句话即"室雅何须大,花香不在多",构图上比较自由,但日本插花构图较严谨,形式风格化。③综合式插花:吸收东方式和西方式插花的特点,加以提炼而成的另一种插花方式。这种插花形式主要在美国,二战后美国驻兵日本,开始接受日本插花,同时受到西方式插花影响,成为东西合璧的综合式插花,主要形式有:T型、S型、螺旋形、L型、三角形、不对称三角形、直立型、水平型等。综合式插花因其花用量相对较少,能烘托一定的气氛,常用于宾馆、会议布置。

(2)依据插花艺术品用途分类。①礼仪插花:这类插花的目的是为了喜庆迎送、社交等礼仪性活动,用来增添团结友爱、表达敬重、欢庆等气氛,因而造型要求简单整齐、色彩鲜艳明亮等,一般以花篮、花束、花钵、桌饰、瓶花等形式。礼仪用花特别是花束要注意色彩,由于各个民族特点不同而对色彩有特别喜好,如法国人喜欢粉红色和蓝色的花,荷兰人偏爱橙色和蓝色,意大利人忌讳黄花。②艺术插花:主要为美化装饰和艺术欣赏之用,这类插花造型上不拘一格,既有东方式,又有西方式或综合式。该类插花注重主题思想的表达,注重内涵,意境丰富和深远,色彩上既有艳丽明快又有素洁淡雅。

(3)依据花材性质分类。①鲜花插花:以新鲜花、枝、叶、果等植物材料作花材制作的插花。其特点:时间性强,观赏期短,花材选用易受季节限制,花材价格也比较昂贵,养护管理较费工。②干花插花:用新鲜的植物材料经自然干燥或加工干燥而成的干花作为花材的插花叫干花插花。其特点:观赏期长,可人工随意染色,放置1~2年,成本较低且省工。③干鲜花融合插花:由于鲜花不足或太昂贵时,或陈设环境不利于鲜切花时使用。④人造花插花:采用假花如塑料花、绢花等作材料。

1.5.3　经济功能的应用

花卉生产栽培是一项重要的园艺生产,不仅可以直接满足人们对切花、盆花、球根、种子以及室内观叶植物等的需要,还可以输出国外。很多花卉同时是药用植物、香料植物或其他经济植物。我国特产花卉种类极其丰富,对花卉输出栽培事业的发展,有着巨大的潜力和广阔的前途,对发展国民经济将起到一定的作用。

1.5.3.1　药用花卉

大量的临床资料和医学试验表明,很多花卉对人类的常见病、多发病都有可靠的疗效。据统计,在已知的花卉植物中,有77%的花卉能直接药用,另外还有3%的花卉经过加工后也可以药用。

花卉的医疗作用,中医药学上分为解表、清热、理血和补益等几大功能,其实不少中医药专家经过多年的潜心研究,发现花卉的医疗作用远不止这些,甚至对癌症也有较好的疗效,如长春花、仙人掌等。下面介绍一些常见花卉及其药用价值。

1. 梅　花

梅花为落叶乔木,品种繁多,性耐寒,叶子卵形,早春开花,花瓣5片,有粉红、白、红等颜色。果实呈球形,青色,成熟后呈黄色,味酸。梅花主要含挥发油、苯甲醛、异丁香油酚、苯甲酸。其煎剂对金黄色葡萄球菌,大肠、伤寒、副伤寒、痢疾、结核等病菌及皮肤真菌均有抑制作用,且能减少豚鼠蛋白质过敏性休克死亡的发生。此外,梅花还具有疏肝解郁、开胃生津的功能,主治肝郁气滞、胸胁胀满、脘腹痛等病症。

2. 兰　花

兰花为多年生草本植物,宿根花卉,花单生于花茎顶或成总状花序着生,多为绿白色或淡黄色,清香,花期因品种而不同。由于兰花品种极多,而不同品种的兰花其药用功能也有所差异。例如,竹叶兰,全草均可入药,具有清热解毒、祛风湿和消炎利尿之功效;白芨,用其假鳞茎入药,能消肿、止血、补肺、生肌止痛;流苏虾脊兰,能清热解毒、强筋壮骨。此外,像三棱虾瘠兰、绿花勺兰、黑节草、石斛等品种的兰花,都是上好的中草药,对某些疾病均有一定疗效。

3. 菊　花

菊花为多年生草本植物,头状花序,顶生或簇生,常见的有白色、黄色、紫色、红色和绿色,微香,秋天开花。菊花品种多达千种以上。其花中主要含有菊甙、腺嘌呤和氨基酸胆碱,对多种致病性微生物有抑制作用。菊花有很高的药用价值,《本草纲目》中有"菊之品凡百种,罕根白茎叶,药色品品不同"的记载。菊花味苦,为清凉性发散风热药,功能疏风热、清头目、降火和解毒,主治头痛眩晕、血压亢进、神经性头痛等,也有益肝明目之功效。

4. 牡　丹

牡丹为多年生落叶灌木,叶子有柄,羽状复叶,小叶卵形或长椭圆形,花大,单生,通常为深红、粉红和白色,春夏之交开花,花、根、皮均可入药。牡丹皮含丹皮酚、苯甲酸、植物甾醇、鞣质等,性味苦、辛,微寒,归心、肝、肾经,具有清热凉血、活血散瘀的功效,对伤寒杆菌、大肠杆菌、金黄色葡萄球菌、溶血性链球菌、肺炎球菌等都有较强的抗菌作用。此外,牡丹皮还可与其他中草药一起配制,在医疗上有广泛的用途。牡丹花味苦、淡,性平,具有调经活血作用。

5. 蔷　薇

蔷薇为落叶灌木;茎有刺;叶互生,奇数羽状复叶;圆锥状伞房花序,花密集,花多为白色略带红晕,芳香;夏季开花。蔷薇花味甘温,性凉,具有清暑和胃、止血的功能,对痢疾、胸闷、中暑都有一定的疗效,同时还是治疗厌食、口疮溃疡的良药。蔷薇根具有清热解毒、祛风活血的功效,主治吐血、便血、跌打损伤、烫伤等病,对妇科病如痛经、白带过多等也有一定的治疗效果。

6. 玫　瑰

玫瑰为落叶灌木,茎密生锐刺;羽状复叶,椭圆形或椭圆状倒卵形,上面有皱纹;花单生,紫红色或白色,芳香;夏季开花。玫瑰花含玫瑰油,油中的主要成分为香茅醇、槲皮甙、苦味质等。玫瑰花味甘、性温,具有疏肝理气、活血调经的功效,主治脘胁胀痛、咯血吐血、牙痛等病症,同时还有很好的镇痛作用。

7. 水　仙

水仙为多年生草本植物,具鳞茎;叶扁平,阔线形,先端钝,冬季抽花茎,近顶端有膜质苞片,苞片裂开后放出小花数朵,排列成伞形花序,花白色,芳香;春季开花。水仙花含挥发油,油中含有丁香油酚、苯甲醛、苄醇、桂皮醇等成分;球茎富含生物碱。水仙味苦,性寒,有毒,具有清热解毒、散结消肿、排脓祛风的功效,主治痈肿疮毒、腮腺炎、乳腺炎、蛇毒等症,此外还有一定的抗癌作用。

8. 杜 鹃

杜鹃花为半常绿或落叶灌木;叶互生,卵状椭圆形;花冠漏斗形,红色,数朵簇生于枝端;春季开花。杜鹃的花序、叶和根部均可入药。杜鹃花主要成分有三萜类、氨基酸、甾醇、鞣质及强心甙等,味酸、性平,有微毒,能活血、祛风湿;叶能镇咳祛痰,清热解毒,主治吐血、衄血、风湿痛、荨麻疹等疾病,对妇科病如月经不调、闭经、崩漏等均有疗效。

9. 月 季

月季为落叶灌木,茎干有刺,或近无刺;奇数羽状复叶;花数朵同生,偶单生,深红至淡红色,亦有白色或黄色,夏季开花。月季花含挥发油、槲皮甙、鞣质、维生素C等,味甘,性温,具有活血调经、消肿解毒的功效,主治月经不调、痛经、跌打损伤、痈肿疮疔等病症。

10. 芍 药

芍药为多年生草本,地下有圆柱形或纺锤形块根;二回三出复叶,花顶生,雄蕊为多;花大且美,白色或红色,亦有其他颜色;初夏开花。芍药有白芍和赤芍两种。白芍主要含芍药甙、苯甲酸、皂质、丹皮酚、芍药碱、挥发油、脂肪酸等有效成分;赤芍除上述物质外,还含三萜类。栽培的芍药,根掘出后刮去外皮加工而成的,称"白芍",性微寒、味苦酸,功能调肝脾、和营血,主治血虚腹痛、肋痛、痢疾、月经不调、崩漏等症;野生的芍药,根掘出后刮去外皮加工而成的即成"赤芍",性微寒、味苦,功能凉血、散瘀凝滞,主治经闭、胁痛、赤痢、痈肿等症。

11. 栀 子

栀子为常绿灌木;叶对生,革质,广披针形或倒卵形,先端和基部钝形,全缘,表面有光泽;春夏开白花,顶生或腋生,有短梗,极香。栀子主要含黄酮类,另含藏红花酸、藏红花素、熊果酸等有效成分,中医学上以果实入药。果实中的色素,主要为栀子苷。栀子味苦、性寒,具有清热利湿、凉血解毒的功效,也有很好的利胆、降低血中胆红素和降血压的作用,主治热病心烦、目赤、黄胆、吐血、衄血、热毒疮疡等病症。

12. 仙人掌

仙人掌为灌丛状肉质植物;节片扁平,绿色,卵形或长椭圆形,有黄色或暗褐色刺;花黄色。仙人掌主要含苹果酸、糖甙类等有效成分,味苦、性寒,具有消肿解毒、止泻的功效,主治痄腮、痈肿疔毒、胃痛、痔漏等,对烧烫伤、蛇咬伤也有较好的疗效。近来国内有资料显示,仙人掌中的有效成分具有抗癌作用,尤其对肺癌效果明显。

13. 火　棘

火棘为常绿灌木;枝有棘刺,叶互生,革质,长椭圆形或披针形,先端钝,顶端有刺毛,边沿有圆锯齿,表面绿色;春夏开花,白色,伞房花序,果实秋天成熟,橙红或火红色,经久不凋。火棘的果实、根、叶均可入药。根主要含甾醇、皂甙、酚类、有机酸、鞣质等化学成分,味甘酸,性平,具有清热凉血的功能;果具有消积止痢、活血止血的作用;叶具有清热解毒的疗效。因此,对消化不良、虚劳骨蒸、跌打损伤、月经不调都有较好的医疗效果。

14. 长春花

长春花为一年生直立草本;叶对生、长圆形,夏秋开花,淡红色或白色,花冠高脚碟状,单生或对生于叶腋。长春花全草入药,主含长春花碱、长春新碱等多种生物碱,味苦、性寒、有毒,具有凉血平肝、清热解毒的功效,主治肝阳上亢、肝肾阴虚引起的眩晕,外用于疮痈肿毒、烧伤等症。此外,对治疗癌症、降低高血压都有一定的效果。

15. 吊　兰

吊兰为多年生常绿草本;叶丛生,线形,全绿或中间或边缘有黄色或白色带状条纹。从叶丛中常抽出细长柔韧下垂的枝条,顶端或节上萌发嫩叶和气生根;夏季开花,白色,早疏散总状花序。吊兰主要含石斛碱、石斛胺等有效成分;味甘辛,性平。石斛胺能刺激胃酸分泌,促进消化;石斛碱有止痛、清热的作用;主治小儿高热、肺热引起的咳嗽、跌打损伤等病症。金边吊兰味甘苦,性凉,有止咳化痰、清热解毒、活血化瘀的功效,因此适宜治疗肺热咳嗽、疔疮肿毒,以及烧伤、骨折等病症。

以上介绍的15种常见花卉均为独味单方,如果与其他药物配伍共用,疗效更佳。因此,建议花卉爱好者在养花赏花的同时,莫忘奇花异卉的药用价值,让花卉为人类作出更大的贡献。

1.5.3.2　香料花卉

香料花卉是指含有芳香成分或挥发性精油的植物,这些挥发性精油存在于花卉的全株或花卉的根、茎、叶、花和果实等器官中。我国是世界上香料植物资源最为丰富的国家之一,有400余种香料植物。从香料花卉中提取的天然香料广泛应用于化妆品、日用化学品、糖果、食品和烟酒等制品中,具有在香气上有特殊贡献的微量成分,大多无毒、无副作用等优点。随着经济的发展和人民生活水平的提高,世界各国对天然香料的需求量越来越大。

1. 香料的来源

香料储存在植物的不同部位,据此香料植物可以分为:从根、根茎提取芳香油的植物,如鸢尾、花椒、菖蒲、姜、姜黄等;从茎、叶提取香料的植物,如麝香草、留兰香、鼠尾草、野薄荷、荔枝草、百里香、月桂、木兰、五味子等;从花朵中提取香料的植物,如玫瑰、钝叶蔷薇、香柠檬、香橙、丁香、菊花、零陵香、野菊、啤酒花、无花果、紫丁香、桂花、百合、金银花等;从果实中提取香料的植物,如樱桃、草莓、川陕花椒、九里香、柠檬、香柠檬、香橙、金柑、酸枣等;从种子中提取香料的植物,如扁桃、山杏、茴香、芫荽、芹菜、葫芦巴、豆蔻、胡椒、八角茴香、芝麻等。

2. 香料生产方法

自古以来,人们就费尽心思地想捕捉植物的香气。许多古代文献都将香精油制作方面的相关知识记录下来,不过这些资料部分已经失传。后人经过不断的试验,寻找提取香料的方法,但是由于香料处于花卉的不同部位,所以提取方法又各有不同。

(1)水蒸馏法。水蒸馏法是最常用的萃取方式,不仅能获得最好且最纯的香精油,而且相当简易且便宜。其主要是利用蒸汽能够吸取植物所含的油滴并将之向上载运的原理,香精油的比重较水轻,会浮在水面上,使油水分离即可。但是,在蒸馏时有许多因素会决定产品的品质。如果蒸馏时温度太高,会破坏敏感的香料,或者蒸馏出的油量不足,得不到预期的结果。若要得到好的品质,蒸馏的时间需加长,如此才能保证最后能转换成品质优良的香精油。

(2)萃取法。植物最具香味的部位是花朵,通常不适合以水蒸馏法来萃取香精油,因此必须利用其他方式萃取香精油,如用具挥发性的溶剂(如乙烷、碳酸酐)或油脂萃取。萃取的方法依植物种类不同而有所不同,如含羞草及香草是利用具挥发性溶剂来萃取香精油,而茉莉花及晚香玉则是利用油脂分离法萃取香精油。

(3)压榨法。柑桔类天然植物如橙子、柠檬、香柠檬等的果皮中含有精油,一般通过压榨方法提取。压榨法有三种:海绵法、挫榨法和机械化法。将果皮放入冷水中浸泡后,用手挤压,再用海绵进行吸收的方法称为海绵法;挫榨法是将果皮装入挫榨器中进行挫榨,该法是比较古老的手工业生产法;近代采用滚筒滚榨,从果实的清洗到果皮的分离、压榨,实现全过程的自动化,一般称为机械化法。

(4)二氧化碳萃取法。这个方法是近几年才研发出来的。它的优点是萃取的过程是在极低温下进行的,萃取所得的油几乎是毫无瑕疵且油本身也不含任何残余物;缺点是所需压力约为20 000 Pa,需要利用非常昂贵的分子蒸馏仪器,因此产品价格十分昂贵。

3. 香料花卉作用

(1)药疗作用。香味治病和预防保健在古代就开始了,如具有独特疗效的药枕,可以治疗高血压、失眠和神经衰弱等疾病。明代李时珍在《本草纲目·芳香篇》中列举了多种有清热、杀菌、镇痛的香料植物。芳香疗法的基本要点是采用水蒸馏法得到的植物精油液体,利用它们挥发出的气味刺激大脑,作用于各脏腑器官,产生生理反应,改变气血运行状态,达到防病与保健的目的。人们在长期的医疗实践中发现,茉莉花香气能刺激大脑,其兴奋功能强于咖啡;天竺葵花香有镇定安神、消除疲劳和催眠的功效;白菊花和金银花的香气有降压作用;桂花的香味有解郁、避秽的功效,对某些狂躁型精神病患者有一定疗效。一种以芳香精油为原料制成的喷雾剂,对克制流感病毒有良好的功效,经过对比研究,它对流感病毒和其他多种病毒的灭菌能力优于抗生素。这种喷洒剂在瑞典、德国等已大量生产,将它在公共场所喷雾使用,既可有效地抑制流感病毒,又可作为空气清新剂。

(2)抗菌防霉作用。一般来说,日常生活中常用的芳香物质以精油、药草和调味香料为代表,具有抗菌、防霉、驱虫、诱导等功效。

(3)净化作用。生活中不免会出现大气污染、空气品质不佳的情况。其实,空气品质不佳与空气中充满异味有很大关系。空气中究竟有哪些异味令人不适,完全是依靠个人嗅觉来自我判断。那么从心理层面来看,要消除这些异味所造成的不适感,最有效的办法是在空气中添加使人精神舒畅的芳香物质,让这些芳香味将空气中的异味遮盖起来,进而达到除臭效果。

4. 发展趋势

据世界花卉行业专家预测,从21世纪开始,全球年均需要消费特种花卉约100亿美元。目前发展前景看好的特种花卉,一是药用花卉,具有一定的药用价值;二是食用花卉,花卉的蛋白质含量远高于肉类,并含有人体不可缺少的氨基酸及微量元素等;三是香料花卉,适宜开发的品种有丁香花、茉莉花、野百合、香石竹、忍冬、风信子等。香料花卉作为特种花卉之一,有着很好的发展空间。世界香料行业生产和销售逐年增长,医药、卷烟、化妆品等所需香料从添加剂香型渐向天然香型转变。

1.5.3.3 食用花卉

花卉色彩绚丽,体姿俊俏,气味清香,气质高洁,是大自然赐予人类最美好的珍品,有很高的营养价值和药用价值。随着人类的不断进步,人们对花卉的认识也越来越科学和全面,食用花卉的营养价值被更多的人认可,食用范围和品种也越来越广泛。

1. 食用花卉的概念

食用花卉是指可供人们日常生活食用的花卉。在我国可供食用的花卉品种有很多,据不完全统计,约有97个科,100多个属,180多种。目前,经卫生部门批准的食用花卉有梅花、菊花、茶花、栀子花、金雀花、金银花、忍冬花、金莲花、樱花、木芙蓉、牡丹、木棉花、锦带花、兰花、桂花、迎春花、茉莉、玫瑰、月季、鸡冠花、啤酒花、槐花、丁香花、红花、油菜花、金针花、昙花和百合花等。

2. 化学成分及营养保健作用

许多食用花卉含有多种人体所需要的营养成分。据科学测定,鲜花内含有22种氨基酸、16种维生素、27种常量和微量元素,以及多种类脂、核酸等生物活性成分。花朵,作为植物生理代谢最旺盛的器官,除含有较多的营养成分外,还含有多种生物活性物质,如酶、激素以及芳香物质和黄酮、类胡萝卜素等,尤其是花粉,已被科学家证实含有96种物质。生产花卉食品,不必添加香精、色素等物质,可以利用鲜花所含有的化学物质生产天然食品。例如,从花卉中提取的花粉就被誉为食品王国的明星;鲜花的花瓣含有丰富的营养物质,如蛋白质、氨基酸等多种微量元素,不仅色、香、味、形给人以美的享受,还有益于身心健康。

鲜花对人体有奇特的生理效应,花卉植物中的纤维素能够促进人体胃肠蠕动,清洁肠壁,有助于防止肠道恶性肿瘤的发生。花卉植物中的维生素和花色素被人体吸收后能清除体内的自由基,延缓衰老,防止和减少心血管疾病及癌症的发生。常食鲜花花粉具有延年益寿的功能,还有抗神经衰弱、健脑增进智力、调节人体机能、助长儿童发育等作用。

3. 应用途径

(1)制作菜点。花卉在烹饪中的应用十分广泛,可以说蒸、煮、炒、炸、炖等烹饪方法无不可用,热炒、冷盘、火锅、沙拉、糕点、粥品等应有尽有。①菜肴:用鲜花做主辅原料,可做凉菜、热炒和甜品。在我国菜系中有不少是用鲜花作配料烹调出来的,如北京菜中有“桂花干贝”“茉莉鸡脯”,上海有“白玉兰炒鸡”“桂花栗子”,河南、山东有“牡丹花汤”,广东有“菊花鲈鱼”等。②点心:选择各色鲜嫩花瓣,如山茶花、玉兰花、玫瑰花等,与面粉、白糖、鸡蛋和成面团,或油炸酥饼、麻花,或上笼蒸花卷、包子,或送烤箱烘烤成面包、糕点等,品种繁多,别具一格,如“桂花糕”“菊花糕”“玉兰饼”等,都是我国著名的传统花点。③花馅:用鲜花与其他原料相配,可调制成各种鲜花馅,用以做包子、饺子等,如“槐花包子”“核桃花包子”“榆钱花包子”等,芳香适口,风味独特。④花粥:营养丰富,芳香可口。因鲜花中含有各种生物碱、植物激素、花青素、酯类、维生素和微量元素等,故常喝花粥有护肤养颜等保健作用。四季之中,盛夏将荷花阴干后与糯米或小米熬粥,可以消暑去燥、解渴生津;仲秋用菊花熬粥,可以清火明目、益肾利尿;冬末春初,采摘梅花煮粥,可以养脾化积,消除咽喉肿痛;暮春初夏,以玉兰花煮粥,能润肺利窍、祛风散寒。此外,还有玫瑰花粥、茉莉花粥、桃花粥、杏花粥、合欢花粥、菜花粥、扁豆花粥、金银花粥、黄花菜粥、决明花粥、百合花粥、白兰花粥、月季花粥、茉莉花粥等。⑤花汤:用可食用花卉做汤,不仅味道新奇、富有营养,而且花瓣洒于汤中,既增加了人们美的享受和欢愉的感觉,又促进了食欲,可谓“赏心悦目”,如以豆腐为主料下锅烧汤,起锅前放入梅花、桂花、菊花、茉莉花花瓣,即成"鲜花豆腐汤",入口鲜嫩味美,满口生香。

(2)制作饮品。①饮料:花汁饮料为多种花汁进行混合调配而成的饮料。常用的花有洋槐花、荷花、金银花、木槿花、玉兰花、红景天、菊花、桂花、白兰花、腊梅花等。"玫瑰魅力鲜花汁"是应用现代生物工程技术精制的创新饮料,是新一代纯天然、低糖、低热量、高品位的健康饮品,保留了玫瑰花中的营养保健成分和特殊物质,常饮可润肤养颜,让人的体内散发出阵阵香味,可以大大减少人的体臭、口臭和运动后的汗臭味,也有助于促进血液循环、缓和过敏性皮肤炎。此外,玫瑰鲜花中还富含维生素A、维生素C和玫瑰油等多种成分,对除皱、美白,甚至减肥都有不错的效果。②花茶:花茶是由茶叶和鲜花窨制而成的,是我国人民创制的一种独特的茶类,具有700多年的悠久历史。可用来窨制花茶的香花种类很多,如玉兰花、珠兰花、玫瑰花、柚子花、桂花、白兰花、荷花、栀子花、茉莉花等。这些花一般来说香气或浓烈、清爽,或甜美、馥郁。在各种花茶中,最值一提的是桂花茶,其有茶的香味浓醇的特点,还融入了桂花的清香。③花酒:制作花酒有酿造法和浸泡法两种。酿造法是将花粉或完整的花做成酒曲,然后与其他原料一起发酵。浸泡法是将花或花粉浸泡于酒中而成。花发酵酒,酒香浓郁,但在发酵过程中花粉的营养成分和香气成分有一定的消耗和破坏,无疑降低了花粉酒的营养价值和质量。花浸泡酒,工艺简单,其营养成分和香气不易被破坏,因此其营养价值高,且可保持其艳美的色泽,如枸杞酒、菊花酒、桂花酒、松花蜜酒、槐花酒、枣花酒等。花酒中最受人们青睐的要首推桂花酒,尤其受女性的钟爱。

(3)为食品工业提供添加剂原料。①芳香油:根据统计,约有40%的植物鲜花中含有丰富的芳香物质,可以从白玉兰、玫瑰、丁香、月季、金莲花等花瓣中,提取芳香油和食用香精,做食品加色剂、矫正剂或增色剂。鲜花芳香油常用的提取方法有蒸馏法、浸提法、压榨法和吸收法四大类,芳香油的分离目前常用的方法有分馏法、化学法和层析法,其主要原料有白玉兰、玫瑰、丁香、月季、红花、金莲花等。②色素:花卉色素种类多、数量大,根据其化学结构分为黄酮类化合物、蒽醌类化合物、卟啉类化合物和类胡萝卜素,其中类胡萝卜素有胡萝卜素、番茄红素、叶黄素、玉米黄素、辣椒红素、番红花素、胭脂素等。用于提取色素的花卉有槐花、蒲公英、毛茛、番红花、向日葵、牵牛花、鸡冠花等。

（4）治疗疾病的良药。食用花卉不仅是美食，而且是良药。兰花可清肺解毒，化痰止咳；菊花可疏风明目，养肝平肝；荷花常用于治疗中暑、吐血、失眠等症；牡丹和月季有调经活血之功；梅花能收敛止痢、解毒镇咳，还可驱虫；茶花用于烫伤、血痢等症；杜鹃用于治疗哮喘、闭经、风湿病等；水仙有消肿解毒、清热止痛、祛风散结之效；桂花能化痰化淤；菖蒲花可医恶心、呕吐；扁豆花可治腹泻；合欢花可助安睡；刺槐花凉血止血，清肝降火；梨花味甘微酸，性凉，生津润燥、清热化痰；鸡冠花蛋白质含量高，可作为一种粮食，提供营养平衡所特别需要的氨基酸。另外，食用花卉内含有芦丁，能增加毛细血管韧性，主治血热妄行所引起的吐血、崩血、血瘤及大肠火盛或湿热淤结所引起的肠风、痔血、便血等病。

第二章　国花鉴赏与应用

2.1　白兰花

【身份信息】

名　称	白兰花(图1,见附图,下同)
学　名	*Michelia alba*
别　称	白缅桂、白兰、把兰、黄果兰、黄角兰
科属名	木兰科,含笑属
分　布	原产印度尼西亚,现广植于东南亚。我国福建、广东、广西、云南等省区栽培极盛
备　注	危地马拉、厄瓜多尔等国国花,东川、潮州等市市花

【鉴别特征】

1. 形态特征

白兰为常绿乔木;树皮灰白,幼枝常绿,叶片长圆,单叶互生,青绿色,革质有光泽,长椭圆形。花蕾好像毛笔的笔头,白如皑雪,生于叶腋之间。花白色或略带黄色,花瓣肥厚,长披针形,有浓香,花期4~5月和8~9月。如果冬季温度适宜,会有花持续不断开放,只是香气不如夏花浓郁。

2. 生活习性

白兰喜光照充足、暖热湿润和通风良好的环境,不耐寒,不耐阴,也怕高温和强光,宜长在排水良好、疏松、肥沃的微酸性土壤,最忌烟气、台风和积水。

【精彩赏析】

1. 花言草语

纯洁的爱,真挚的感情。

2. 传奇故事

相传在很早以前,峨眉山下有一个苦命少年,姓李,以拾狗粪为生,模样生得丑,人们都叫他狗儿。李狗儿长到十七八岁,见村里好多小伙子都娶妻成家,心里十分羡慕,希望自己也有那么一天。

一天,李狗儿跟着同村人进山采兰草,兰草没采到,却独自走散了。他来到一座峭壁下,又饥又渴,斜靠岩壁坐了下来。他想起自己的命运太惨,心里愤愤不平,不禁用拳头在岩壁上一擂,只听"吱呀"一声,岩壁突然消逝,只见流云滚动,旋即扩散,须臾间出现了一片神奇天地。李狗儿引颈一看,天上有日月星辰,地下有草木花鸟,近处有一草坪,坪中全是他要采的兰草。这些兰草翠绿如染,散发出阵阵幽香,令人心动。

李狗儿高兴极了,心想这些兰草采回去不知会卖多少钱。便几步跨进草坪,见一株兰草开着一朵雪白的兰花,花瓣如玉,花蕊似舌,闪闪发光,他喜得忙弯腰去拔。突然有人在他肩上一拍,他抬头一看,见是一位青衣老妪在向他微笑,问他:"李狗儿,你想偷我的仙草白兰花!"李狗儿脸红了,直傻笑。老妪又道:"我这仙草是无价之宝,你拿回人世栽在沃土里,三天后它会实现你一次愿望。秘诀是心里想着需要的用鼻子在白兰花上一闻。"老妪说完就不见了。

李狗儿遇上了仙人,十分欣喜,他弯腰刚一拔起那株白兰花,只听一阵声响,仙境消逝,自己却站在自家的院坝里,手里拿着那株幽香扑鼻的白兰花。他按仙人吩咐,将这株兰草栽在院坝内沃土中。三天以后,这株神奇的仙草活了,美丽的白兰花幽幽吐香,使院落香气四溢。李狗儿激动地想:我最大的愿望是要一个妻子。可是要啥模样的呢!美的自己配不上,丑的又难看。嗨,干脆要一个模样一般、块头大点的,只要有力气干活就行。

他主意打定,便蹲在白兰花旁,心里想着一个大块头女人,鼻子往那白兰花一闻,倏地只见那白兰花一闪,化成一团白雾。白雾散去,果然出现了一个女人。这女人身材高大,膀宽腰圆,显得十分结实,她笑着向他说:"妾名白兰花,愿和夫君共度一生。"李狗儿乐得嘴也合不上,牵着她的手说:"狗儿丑是丑点,但勤快,穷是穷点,但晓得疼女人。"

打这以后,李狗儿真的很疼妻子,在家每天抢着干活,出门拾狗粪也比原来卖力。妻子的模样不怎么样,但心很善良,很体贴他,说拾狗粪又脏又累,不再让他干那个行当,李狗儿说不拾狗粪无有生计。妻子笑道,这不妨事,用手向空中一指,白花花的银子便出现桌上,堆成小山,李狗儿从未见过这么多的银子,高兴得手舞足蹈。

白兰花十分能干,她请人拆掉破房,建了一幢新房;她让狗儿脱下破布衫,换上了一身漂亮的马褂;狗儿体弱,她就每天下厨做出许多山珍海味给他滋补身子。

李狗儿在妻子的精心照料下,不久身体壮实了,人也变得年轻漂亮了。他心里有点飘然起来,眼睛开始偷看村里的年轻姑娘。不知怎的,他愈看村里的年轻姑娘愈觉得人家漂亮,自己的妻子就愈丑。他懊悔了,心想:当初应该许愿一个最美的女人,他感到委屈,渐渐地开始瞧不起自己的妻子。李狗儿养肥了,变懒了,家里的活儿不想干,成天东游西荡,腐化堕落,花钱如水。

白兰花见他变心了,心里很伤心,劝他要正经做人,他嘴里承认,可心里难进一言。他想,反正妻子是神仙,钱花不完,难不住他李狗儿。他依旧我行我素,无所不为。村里没有人不知李狗儿家底的,见他一下阔得像个财神,都感到蹊跷,怀疑他的钱来路不明,有人写下呈子,递到峨眉县衙告他。

峨眉县县官是个赃官,姓朱名灿,断案认钱不认理。见人告的是一个花钱如水的穷光棍,也觉得蹊跷,就派衙役到李狗儿村里去查。查出李狗儿家有个来路不明的女人,朱灿心生一计,把李狗儿传到衙门,设宴款待,让他讲出妻子的来历。李狗儿从未见过县太爷,如今请他前去赴宴,让他讲出妻子的来历,受宠若惊,忙把他进山采兰草,如何得白兰花,如何使白兰花变仙妻的事讲了一遍。朱灿一听,心里既嫉妒又惊喜,眼珠滑动了一下说:"李狗儿,赌场不如官场,美人不如乌纱帽,我拿乌纱帽换你的大块头妻如何?"李狗儿犹豫了,但一转念"做官有威风,可以光宗耀祖,有权有势想干啥就干啥,不愁银子和……"就点头答应了。

朱灿见李狗儿答应了,便当即写下交换纸约,让他按下手印。第二天,李狗儿带着朱灿回到了家。他得意地告诉妻子用她换乌纱帽的事。白兰花见丈夫竟做出这种缺德之事,气得发抖,但她还是婉言相劝,要他向县官收回契约,别忘了从前打光棍的日子。李狗儿见揭了他的底儿,又羞又恼,骂他是个丑女人,想赖着他过日子。

白兰花见他忘恩负义,不可救药,恨恨地瞪了县官一眼,回头向李狗儿说了一声:"狗儿,你别懊悔!"说毕,便径直走进花轿。李狗儿见生意做成,急忙要过朱灿的乌纱帽戴在头上。朱灿见白兰花进轿,忙叫轿夫打道回府。这时,李狗儿突然发现头上的乌纱帽是纸做的,气得大呼上当,要冲去拦轿。朱灿大怒,令衙役们一哄而上,将李狗儿一阵好打,然后一把火将他漂亮的新房烧掉,让轿夫抬着白兰花就走。

朱灿一行抬着花轿刚到一道山洼,花轿突然变得十分沉重,轿夫只好停下休息。朱灿见状大怒,不信花轿会变重,便骂骂咧咧走向花轿,正欲揭开轿帘看个究竟,只见那轿帘猛地一抖,一条巨蟒从里窜出,顿时吓得他魂飞魄散,一命呜呼。说来也怪,这蟒没有伤其他人,头一摆便向峨眉山缓缓游去。

且说李狗儿苏醒过来,见房子被烧,又成了光棍一条,只好又挎着狗粪筐,干那老行当去了。

3. 诗歌欣赏

白兰花

作词:闫兵、颂今;作曲:高歌

独白:在一次探家的路上,我遇见一个卖花的小女孩儿,她手捧着一束白兰花,站在学校的门口,久久地久久地向里面张望……

独唱:路边的娃娃,你为啥不回家。站在街头,手捧着白兰花。天真的目光,无奈地笑,叫人担心,让我牵挂。可爱的娃娃,你有没有家?脸上的泪,谁来为你擦?这样的夜里感觉冷吗,为何离开书桌和妈妈。这城市喧扰的繁华,映着你天真的面颊,伴着那流泪的白兰花,梦见温暖的家。伸出你热情的手吧,拥抱这流浪的娃娃,让这朵小小的白兰花,在校园里发出新芽。

独白:那一天过去很久了,可是我总忘不了,这个卖花的小女孩儿,不知她有没有回到课堂,让这白兰花在校园的阳光下,吐露芬芳!

独唱:可爱的娃娃,你有没有家?脸上的泪,谁来为你擦?这样的夜里感觉冷吗,为何离开书桌和妈妈。这城市喧扰的繁华,映着你天真的面颊,伴着那流泪的白兰花,梦见温暖的家。伸出你热情的手吧,拥抱这流浪的娃娃,让这朵小小的白兰花,在校园里发出新芽。

童声合唱:伸出你热情的手吧,拥抱这流浪的娃娃,让这朵小小的白兰花,在校园里发出新芽。

【功能应用】

1.在园林绿化上的应用

白兰花叶片青翠碧绿,花朵洁白如玉,芳香若兰,惹人喜爱。白兰花作为观赏花,株形直立有分枝,落落大方,可在露地庭院栽培,是南方园林中的骨干树种。

2.在社交礼仪上的应用

白兰花可用于插花欣赏,盆栽可布置庭院、厅堂、会议室,中小型植株可陈设于客厅、书房,因其惧怕烟熏,需放在空气流通处。

3.在经济领域里的应用

白兰花可以兼做香料和药用。白兰花含有芳香性挥发油、抗氧化剂和杀菌素等物质,可以美化环境、净化空气、香化居室。此外,从中提取出的香精油与干燥香料物质,还能够用于美容、沐浴、饮食及医疗。

白兰花叶含生物碱、挥发油、酚类。鲜叶含油0.7%,主要成分为芳樟醇、甲基丁香油酚和苯乙醇。根和茎皮含黄心树宁碱、氧化黄心树宁碱,主治慢性支气管炎、前列腺炎、白浊、妇女白带等症。

2.2 雏 菊

【身份信息】

名 称	雏菊(图2)
学 名	*Bellis perennis*
别 称	春菊、马兰头花、延命菊
科属名	菊科,雏菊属
分 布	北欧、中国
备 注	意大利国花

【鉴别特征】

1. 形态特征

雏菊为菊科多年生草本植物,株高15~20 cm。雏菊叶基部簇生,匙形;头状花序单生,花径3~5 cm,舌状花为条形,有白、粉、红等色;通常每株开10朵花左右。

2. 生活习性

雏菊耐寒,宜生长在冷凉气候区,但怕严霜和风干,花期3~6月。在炎热条件下开花不良,易枯死,可在8月中旬或9月初于露地苗床播种繁殖。

【精彩赏析】

1. 花言草语

深藏在心底的爱。

2. 传奇故事

雏菊原产欧洲,又名延命菊。它的叶为匙形丛生,呈莲座状。从叶间抽出花葶,外观古朴,花朵娇小玲珑,色彩和谐。早春开花,生机盎然,具有君子的风度和天真烂漫的风采,深得意大利人的喜爱,因而推举为国花。

自古以来,基督教里就有将圣人与特定花卉联系在一起的习惯,这因循于教会在纪念圣人时,常以盛开的花卉点缀祭坛所致。在中世纪的天主教修道院内,更是有如园艺中心般的种植着各式各样的花朵,久而久之,教会便将366天的圣人分别和不同的花卉合在一起,形成所谓的花历。当时大部分的修道院都位于南欧地区,而南欧属地中海型气候,极适合栽种花草。雏菊便是被选来祭祀13世纪时,因为拒绝父亲所选的夫婿,而进入修道院的匈牙利公主——圣马格丽特的花卉。

3. 诗歌欣赏

雏 菊

(爱尔兰)斯蒂芬斯

在清晨芬芳的蓓蕾中——哦,

微风下草波向远方轻流,

在那生长着雏菊的野地里,

我看见我爱人在缓步漫游。

当我们快乐地漫游的时候,

我们不说话也没有笑声。

在清晨芬芳的蓓蕾中——哦,

我在爱人的两颊上亲了吻。

一只云雀离大地吟唱着飞升,

一只云雀从云端向下界歌鸣,

在这生长着雏菊的野地里,

我和她手搀着手地在漫行。

【功能应用】

1. 在园林绿化上的应用

雏菊常作为花坛用花,或与其他花卉组合搭配花境。

2. 在社交礼仪上的应用

雏菊除美化作用外,还可以进行光合作用,吸收二氧化碳和其他有害气体,释放出干净的空气。

3. 在经济领域里的应用

雏菊又叫干菊、白菊,药用价值非常高。雏菊的种植历史很悠久,药用价值排在四大名菊之首。它含有挥发油、氨基酸和多种微量元素,其中的黄酮含量比其他的菊花高32%~61%,锡的含量比其他的菊花高8~50倍。农学家张履祥在其著作《补农书》中曾写道:"白菊性甘温,久服最有益,古人春食苗、夏食英、冬食根,有以也……其花,可以减茶之半,茶性苦寒与苦菊同泡。"

2.3 大丽菊

【身份信息】

名 称	大丽菊(图3)
学 名	*Dohlia Pinnata*
别 称	大理花、西番莲、天竺牡丹
科属名	菊科,大丽花属
分 布	原产墨西哥,现世界广布
备 注	墨西哥国花,吉林省省花,张家口市市花

【鉴别特征】

1. 形态特征

大丽菊植株高约1.5 m,羽状复叶,对生。它的头状花序中央有无数黄色的管状小花,边缘是长而卷曲的舌状花,有各种绚丽的色彩,如红、黄、橙、紫、白等色,十分诱人。重瓣大丽花有白花瓣里镶带红条纹的千瓣花,如白玉石中嵌着一枚枚红玛瑙,妖娆非凡。

2. 生活习性

大丽菊不耐寒,畏酷暑,在夏季气候凉爽、昼夜温差大的地区生长开花好;生长期对水分要求严格,不耐干旱又忌积水,喜腐殖质丰富的沙壤土。

【精彩赏析】

1. 花言草语

雍容华贵,富丽堂皇,大吉大利。

2. 传奇故事

大概五百年前,墨西哥人把野生的大丽花引进了庭院,拉开了人工栽培大丽花的序幕。此后,英、德、美、日等国又花费了大量的时间和精力进行繁育,使得菊科植物在大丽花这一属中多出了上百个品种。19世纪末,大丽花被引进我国,据说先是在上海栽培,后来在东北、华北等栽培较盛。如今,辽宁、吉林、河北、天津、北京、山东和甘肃等地栽培的独本大丽花,更显华丽高贵,具有浓厚的传统色彩。

3. 诗歌欣赏

大丽花

(近代)郭沫若

有人又叫我们为天竺牡丹,

种类之多,连我们也难分辨。

球根倒和番薯十分的相像,

花样却和菊花相隔得不远。

自从来到中国就在这样想:

假使我们的根能成为粮食,

那我们就可算经济作物,

对于六亿人民岂不更有用场?

【功能应用】

1. 在园林绿化上的应用

大丽菊适宜花坛、花径或庭前丛植,矮生品种可作盆栽。

2. 在社交礼仪上的应用

大丽菊花朵可用于制作切花、花篮、花环等。

3. 在经济领域里的应用

大丽菊全株可入药,有清热解毒的功效。块根含有菊糖,医药上同葡萄糖相似。

2.4 丁 香

【身份信息】

名 称	丁 香(图4)
学 名	*Syringa oblata*
别 称	百结、情客、紫丁香、华北紫丁香、洋丁香
科属名	木犀科,丁香属
分 布	东亚、中亚和欧洲的温带地区
备 注	坦桑尼亚国花,黑龙江省省花,呼和浩特市、西宁市等市花

【鉴别特征】

1. 形态特征

丁香为常绿乔木,高达10m。丁香叶对生,叶柄明显,叶片长方卵形或长方倒卵形,长5~10 cm,宽2.5~5 cm,先端渐尖或急尖,基部狭窄常下展成柄,全缘。它的花芳香,成顶生聚伞圆锥花序,花径约6 mm;花萼肥厚,绿色后转紫色,长管状,先端4裂,裂片三角形;花冠白色,稍带淡紫,短管状,4裂;雄蕊多数,花药纵裂;子房下位,与萼管合生,花柱粗厚,柱头不明显。丁香浆果红棕色,长椭圆形,长1~1.5 cm,直径5~8 mm,先端宿存萼片。丁香种子呈长方形。

2. 生活习性

丁香喜欢阳光,较耐阴,喜欢湿润,但忌积水,耐寒耐旱,一般不需要多浇水；要求土壤肥沃、排水好的沙土；不喜欢大肥，不要施肥过多，否则影响开花。

【精彩赏析】

1. 花言草语

纯真无邪，初恋，谦逊，光辉。

2. 传奇故事

古时候，有个年轻英俊的书生赴京赶考，天色已晚，投宿在路边一家小店。店家父女二人，待人热情周到，书生十分感激，留店多住了两日。店主女儿看书生人品端正、知书达理，便心生爱慕之情；书生见姑娘容貌秀丽，又聪明能干，也十分喜欢。二人月下盟誓，拜过天地，两心相倾。接着，姑娘想考考书生，提出要和书生对对子。书生应诺，稍加思索，便出了上联："冰[bīng]冷酒，一点，二点，三点。"姑娘略想片刻，正要开口说出下联，店主突然来到，见两人私订终身，气愤之极，责骂女儿败坏门风，有辱祖宗。姑娘哭诉两人真心相爱，求老父成全，但店主执意不肯。姑娘性情刚烈，当即气绝身亡。店主后悔莫及，只得遵照女儿临终所嘱，将女儿安葬在后山坡上。书生悲痛欲绝，再也无心求取功名，遂留在店中陪伴老丈人，翁婿二人在悲伤中度日。

不久，后山坡姑娘的坟头上竟然长满了郁郁葱葱的丁香树，繁花似锦，芬芳四溢。书生惊讶不已，每日上山看丁香，就像见到了姑娘一样。一日，书生见有一白发老翁经过，便拉住老翁，叙说自己与姑娘的坚贞爱情和姑娘临死前尚未对出的对联一事。白发老翁听了书生的话，回身看了看坟上盛开的丁香花，对书生说，姑娘的对子答出来了。书生急忙上前问道，老伯何以知道姑娘答的下联？老翁捋捋胡子，指着坟上的丁香花说，这就是下联的对子。书生仍不解，老翁接着说，丁香花，百头，千头，万头。你的上联"冰冷酒"，三字的偏旁依次是"冰"为一点水，"冷"为二点水，"酒"为三点水。姑娘变成的"丁香花"三字的字首依次是"丁"为百字头，"香"为千字头，"花"为万字头，前后对应，巧夺天工。书生听罢，连忙施礼拜谢。老翁说，难得姑娘对你一片痴情，千金也难买，现在她的心愿已化作美丽的丁香花，你要好生相待，让它世世代代繁花似锦，香飘万里。话音刚落，老翁就无影无踪了。从此，书生每日挑水浇花，从不间断。丁香花开得更茂盛、更美丽了。

后人为了怀念这个纯情善良的姑娘,敬重她对爱情坚贞不屈的高尚情操,从此便把丁香花视为爱情之花,而且把这幅姻联对叫做"生死对",视为绝句,一直流传至今。

3. 诗歌欣赏

雨　巷

(近代)戴望舒

撑着油纸伞,彷徨在悠长、悠长

又寂寥的雨巷,

我希望逢着

一个丁香一样地,

结着愁怨的姑娘。

她是有

丁香一样的颜色,

丁香一样的芬芳,

丁香一样的忧怨,

……

【功能应用】

1. 在园林绿化上的应用

丁香属于著名的庭园花木,花序硕大,开花繁茂,花色淡雅、芳香,习性强健,栽培简易,在园林中广泛应用。

2. 在社交礼仪上的应用

丁香可盆栽观赏,也可切花插瓶。

3. 在经济领域里的应用

从丁香茎蒸馏的丁香油可用于制作杀菌药、香料、漱口剂、牙痛的局部麻醉药、合成香草醛、增香剂、增强剂,以及烹调、香烟添加剂、焚香的添加剂、制茶等。此外,中药也有用丁香花蕾入药,药名公丁香,性温,味辛。

丁香树的树根(丁香根)、树皮(丁香树皮)、树枝(丁香枝)、果实(母丁香)、花蕾蒸馏所得的挥发油(丁香油)可供药用。

2.5 杜 鹃

【身份信息】

名　称	杜　鹃(图5)
学　名	*Rhododendron simsii*
别　称	映山红、山石榴、山踯躅
科属名	杜鹃花科,杜鹃属
分　布	亚洲、北美洲、欧洲、大洋洲
备　注	尼泊尔、朝鲜国花,江西省省花,长沙、大理、丹东、嘉兴、井冈山、韶关、台北、无锡等市市花

【鉴别特征】

1. 形态特征

杜鹃种类繁多,形态各异,由大乔木(高可达20 m以上)至小灌木(高10~20 cm),主干直立或呈匍匐状,枝条互生或轮生。

2. 生活习性

杜鹃种类多,习性差异大,但多数种产于高海拔地区,喜凉爽、湿润气候,恶酷热干燥。杜鹃要求富含腐殖质、疏松、湿润及 pH 值在5.5~6.5的酸性土壤;部分种及园艺品种的适应性较强,耐干旱、瘠薄,土壤 pH 值在7~8也能生长;在粘重或通透性差的土壤上,生长不良。杜鹃不耐曝晒,夏秋应有落叶乔木或荫棚遮挡烈日,并经常以水喷洒地面。最适宜的生长温度为15℃~20℃,气温超过30℃或低于5℃则生长停滞。冬季有短暂的休眠期,随温度上升,花芽逐渐膨大,一般露地栽培在3~5月开花,高海拔地区则晚至7~8月开花,北方在温室栽培,1~2月即可开花。杜鹃耐修剪,花芽受刺激后极易萌发,可借此控制树形,复壮树体。一般在5月前进行修剪,所发新梢,当年均能形成花蕾,过晚则影响开花。通常立秋前后萌发的新梢,尚能木质化,若形成新梢太晚,冬季易受冻害。

【精彩赏析】

1. 花言草语

爱的喜悦,节制。

2. 传奇故事

传说古代蜀国有一位皇帝叫杜宇,与他的皇后恩爱异常。后来他遭奸人所害,凄惨死去,灵魂就化作一只杜鹃鸟,每日在皇后的花园中啼鸣哀嚎,它落下地泪珠是一滴滴红色的鲜血,染红了皇后园中美丽的花朵,所以后人就叫它杜鹃花。皇后听到杜鹃鸟的哀鸣,见到那殷红的鲜血,这才明白是丈夫灵魂所化,悲伤之下,日夜哀嚎着"子归,子归",郁郁而逝。她的灵魂化为火红的杜鹃花开满山野,与那杜鹃鸟相栖相伴,这便是"杜鹃啼血""子归哀鸣"的典故。这鸟与花终身不弃的爱恋,乃是人世间不朽的传奇。

3. 诗歌欣赏

宣城见杜鹃花

(唐)李白

蜀国曾闻子规鸟,宣城还见杜鹃花。

一叫一回肠一断,三春三月忆三巴。

【功能应用】

1. 在园林绿化上的应用

杜鹃最宜在园林中的林缘、溪边、池畔及岩石旁成丛成片栽植,也可于疏林下散植。杜鹃是花篱的良好材料,可经修剪培育成各种形态。

2. 在社交礼仪上的应用

杜鹃枝繁叶茂,绮丽多姿,萌发力强,耐修剪,根桩奇特,是优良的盆景材料。

3. 在经济领域里的应用

杜鹃的木材、根兜,质地细腻、坚韧,可制碗、筷、盆、钵、烟斗、根雕等日用工艺品。有些种类的树皮、树叶含丰富的鞣质,可提取栲胶。

杜鹃花可以食用。例如,映山红的花味酸,无毒,可生食;大白杜鹃、粗柄杜鹃的花至今是滇中人民的蔬菜。

杜鹃花性甘微苦、平、清香,在医学上有一定的药用价值,如祛风湿,调经和血,安神去燥,民间常用此花和猪蹄同煲,可治女性赤白带下,长期食用有美白和祛斑之功效。

但是,黄色杜鹃的植株和花内均含有毒素,误食后会引起中毒;白色杜鹃的花中含有四环二萜类毒素,中毒后引起呕吐、呼吸困难、四肢麻木等。

2.6 凤尾兰

【身份信息】

名 称	凤尾兰(图6)
学 名	*Yucca gloriosa*
别 称	菠萝花、厚叶丝兰、凤尾丝兰
科属名	龙舌兰科,丝兰属
分 布	原产北美东部和东南部,中国长江流域以南和山东、河南有引种
备 注	塞舌尔国花

【鉴别特征】

1. 形态特征

凤尾兰为常绿灌木,茎通常不分枝或分枝很少。凤尾兰的叶片呈剑形,长40~70 cm,宽3~7 cm,顶端尖硬,螺旋状密生于茎上,叶质较硬,有白粉,边缘光滑或老时有少数白丝;圆锥花序高1 m多,花朵杯状,下垂,花瓣6片,乳白色,合成心皮雌蕊,是上位子房下位花,花期6~10月;蒴果呈椭圆状卵形,长5~6 cm,不开裂。

2. 生活习性

凤尾兰喜温暖湿润和阳光充足环境,亦耐阴,抗污染,萌芽力强,适应性强,花后顶端停止生长,旁边自叶痕发生侧芽。凤尾兰性强健,耐寒、耐旱、耐湿、耐瘠薄,对土壤、肥料要求不严,除盐碱地外均能生长。凤尾兰能抗污染,对有害气体如SO_2、HCl、HF等都有很强的抗性,有粗壮的肉质根,易产生不定芽,很容易生长萌蘖,扩展植株,更新能力很强。

【精彩赏析】

1. 花言草语

盛开的希望。

2. 传奇故事

凤尾兰是一种很古老的神奇植物。传说有一次凤凰涅槃失败后，因为没有新的身体，便附着在旁边的一棵植物上。后来，它破土而出，开出了迎着凤舞而摆动的凤尾兰。

3. 诗歌欣赏

七律·群芳竞艳之凤尾兰

（当代）尧呈

青铜利剑向苍天，玉树琼花六月鲜。

喜暖耐寒不怕旱，爱光拒毒肯随缘。

安于平淡德高洁，过惯清贫心坦然。

月下莲台身段俏，满园馥郁拥婵娟。

【功能应用】

1. 在园林绿化上的应用

凤尾兰常年浓绿，花、叶皆美，树状奇特，数株成丛，高低不一，叶形如剑，开花时花茎高耸挺立，花色洁白，繁多的白花下垂如铃，姿态优美，花期持久，幽香宜人，是良好的庭园观赏树木。它常植于花坛中央、建筑物前、草坪中、池畔、台坡、路旁及绿篱等。

2. 在社交礼仪上的应用

凤尾兰是良好的鲜切花材料，可用于插花作品中。

3. 在经济领域里的应用

凤尾兰叶纤维洁白、强韧、耐水湿，称"白麻棕"，可作缆绳。叶片可提取菑体激素，主治支气管哮喘、咳嗽等症。

2.7 扶 桑

【身份信息】

名　称	扶桑(图7)
学　名	*Hibiscus rosa-sinensis*
别　称	佛槿、朱槿、佛桑、大红花
科属名	锦葵科,木槿属
分　布	原产我国南部,全球有3 000种以上,以夏威夷最多
备　注	斐济、马来西亚、苏丹等国国花,南宁、玉溪等市市花

【鉴别特征】

1. 形态特征

扶桑为常绿大灌木或小乔木,茎直立而多分枝,高可达6 m。叶互生,阔卵形至狭卵形,长7~10 cm,具3主脉,先端突尖或渐尖,叶缘有粗锯齿或缺刻,基部近全缘,形似桑叶。扶桑腋生喇叭状花朵,有单瓣和重瓣,最大花径达25 cm,有下垂或直上之柄,单生于上部叶腋间;单瓣者漏斗形,重瓣者非漏斗形,呈红、黄、粉、白等色,花期全年,夏秋最盛。

2. 生活习性

扶桑系强阳性植物,性喜温暖、湿润,要求日光充足,不耐阴,不耐寒、旱。扶桑在长江流域及以北地区只能盆栽,在温室或其他保护地保持12℃~15℃气温越冬。若室温低于5℃,叶片转黄脱落;低于0℃,即遭冻害。扶桑耐修剪,发枝力强,对土壤的适应范围较广,但以富含有机质、pH为6.5~7的微酸性壤土生长最好。

【精彩赏析】

1. 花言草语

新鲜的恋情,微妙的美。

2. 传奇故事

扶桑是夏威夷的州花,看到扶桑就会令人想起碧海蓝天的沙滩和腰挂草裙的南国美女。据说土著女郎把扶桑花插在左耳上方表示"我希望有爱人"，插在右耳上方表示"我已经有爱人了"。

3. 诗歌欣赏

耕园驿佛桑花

(宋)蔡襄

溪馆初寒似早春,寒花相倚醉於人。

可怜万木凋零尽,独见繁枝烂熳新。

清艳夜沾云表露,幽香时过辙中尘。

名园不肯争颜色,的的夭红野水滨。

【功能应用】

1. 在园林绿化上的应用

扶桑鲜艳夺目的花朵,朝开暮萎,姹紫嫣红,在南方多散植于池畔、亭前、道旁和墙边。

2. 在社交礼仪上的应用

扶桑的外表热情豪放,却有一个独特的花心,这是由多数雄蕊连结起来,包在雌蕊外面所形成的,结构相当细致,就如同热情外表下的纤细之心。扶桑用于插花,表达对成功女性的赞美,其盆栽适用于客厅和门厅入口处摆设。

3. 在经济领域里的应用

扶桑性味甘寒,具有调经、清肺、化痰、凉血、解毒、利尿、消肿等药用功能。

2.8 荷 花

【身份信息】

名　称	荷花(图8)
学　名	*Nelumbo nucifera*
别　称	莲花、水芙蓉、藕花
科属名	睡莲科,莲属
分　布	原产于中国,一般分布在亚热带和温带地区
备　注	斯里兰卡、印度等国国花,澳门特别行政区区花、湖南省省花,济南、许昌、肇庆等市市花

【鉴别特征】

1. 形态特征

荷花为多年生水生植物,根茎肥大多节,横生于水底泥中。叶呈盾状圆形,表面深绿色,被蜡质白粉覆盖,背面灰绿色,全缘呈波状;叶柄圆柱形,密生倒刺。花单生于花梗顶端、高托水面之上,有单瓣、复瓣、重瓣及重台等花型;花色有白、粉、深红、淡紫、黄色或间色等变化;雄蕊多数;雌蕊离生,埋藏于倒圆锥状海绵质花托内,花托表面具多数散生蜂窝状孔洞,受精后逐渐膨大称为莲蓬,每一孔洞内生一小坚果(莲子)。

2. 生活习性

荷花性喜相对稳定的平静浅水,湖沼、泽地、池塘是其适生地。荷花的需水量由其品种而定,大株形品种如古代莲、红千叶相对水位深一些,但不能超过1.7 m。中小株形只适于20~60 cm的水深。荷花对失水十分敏感,夏季只要3 h不灌水,水缸所栽荷叶便萎靡,若停水一日,则荷叶边焦,花蕾回枯。荷花非常喜光,生育期需要全光照的环境。荷花极不耐阴,在半阴处生长就会表现出强烈的趋光性。

【精彩赏析】

1. 花言草语

清白,高尚,坚贞,纯洁,无邪,清正。

2. 传奇故事

荷花相传是王母娘娘身边的一个美貌侍女——玉姬的化身。玉姬看见人间双双对对,男耕女织,十分羡慕,因此动了凡心,在河神女儿的陪伴下偷出天宫,来到杭州的西子湖畔。西湖秀丽的风光使玉姬流连忘返,忘情地在湖中嬉戏,到天亮也舍不得离开。王母娘娘知道后用莲花宝座将玉姬打入湖中,并将她"打入淤泥,永世不得再登南天"。从此,天宫中少了一位美貌的侍女,而人间多了一种玉肌水灵的鲜花。

3. 诗歌欣赏

晓出净慈寺送林子方

(宋)杨万里

毕竟西湖六月中,风光不与四时同。

接天莲叶无穷碧,映日荷花别样红。

【功能应用】

1. 在园林绿化上的应用

荷花是著名的水生花卉,园林上主要用于水景点缀,营造"接天莲叶无穷碧,映日荷花别样红"的夏日景观。

2. 在社交礼仪上的应用

荷花是友谊的象征和使者。由于"荷"与"和""合"谐音,"莲"与"联""连"谐音,因此中华传统文化中,经常以荷花(莲花)作为和平、和谐、合作、合力、团结、联合等的象征。莲花与佛教有着千丝万缕的联系,观音菩萨手持白莲,佛教把佛国称为"莲界",袈裟称为"莲服",佛座称为"莲座",佛眼称为"莲眼",诸佛报身的净土又称为"莲花世界"等,以荷花的高洁象征和平事业、和谐世界的高洁。因此,某种意义上说,赏荷也是对中华"和"文化的一种弘扬。

3. 在经济领域里的应用

荷花是一种实用价值很高的植物,全株皆可利用,其各部分作用如下。

莲叶:性平味苦,含丰富的维生素C及荷叶碱,有清暑、醒脾、化淤、止血、除湿气的功效。

莲子:《本草纲目》认为,"莲子,交心肾,厚肠胃,强筋骨,补虚损,利耳目。"研究表明,莲子含维生素C、蛋白质、铜、锰等矿物质及荷叶碱,极具营养价值,可强身补气、保健肠胃、止泻及祛湿热的效果。

莲藕:含维生素C、维生素B_1、维生素B_2、蛋白质、氨基酸等养分,其性甘寒,有凉血、去暑、散瘀气,对健脾、开胃也很有益处。

莲蓬:又名莲房,可去除体内湿气、活血散瘀,亦可降火气,让气息回复顺畅、舒适。

莲心:《本草求真》认为,"莲子心味苦性寒,能治心热",有祛热消暑的作用,具有清心、安抚烦躁、祛火气的功能。

莲梗:可清热解暑、去除体内多余水分,并能顺畅体内气血循环。

2.9 火绒草

【身份信息】

名　称	火绒草(图9)
学　名	*Leontopodium leontopodioides*
别　称	雪绒花、薄雪草、老头艾、老头草
科属名	菊科,火绒草属
分　布	亚洲和欧洲的阿尔卑斯山脉一带
备　注	瑞士、奥地利等国国花

【鉴别特征】

1. 形态特征

火绒草为多年生草本,高15~30 cm,全株密被白毛。火绒草的茎通常从基部丛生,直立或斜上,不分枝。叶互生,无柄,披针形或条形。夏季开花,头状花序,无梗,3~5个簇生于茎顶。瘦果长圆形,有短毛,黄褐色。

2. 生活习性

火绒草通常生长在海拔1 400~1 500 m的高山和亚高山的森林、干燥灌丛、干燥草地和草地,常成片生长。

【精彩赏析】

1. 花言草语

重要的回忆。

2. 传奇故事

奥地利有许多关于雪绒花的传说。人们相信雪绒花王可以指引那些采摘者们找到他们寻觅已久的花,但如果谁将花儿连根拔去,这个人将会坠入万丈深渊。

3. 诗歌欣赏

雪绒花

——美国电影《音乐之声》的插曲

作词:奥斯卡·哈默斯坦第二,作曲:理查德·罗杰斯

雪绒花,雪绒花,

每天清晨迎接我开放。

小而白,洁而亮,

向着我快乐的摇晃。

白雪般的花儿愿你芬芳,

永远开花生长。

雪绒花,雪绒花,

永远祝福我家乡。

【功能应用】

1. 在园林绿化上的应用

火绒草是一种珍贵的花卉。它具有花叶并美的特点,株形小巧玲珑,叶片银灰绚丽,白色花序如雪,朴实大方。火绒草具有耐干旱、耐贫瘠的优点,且为多年生草本植物,所以特别适用于岩石园栽植或盆栽观赏。

2. 在社交礼仪上的应用

在奥地利,雪绒花象征着勇敢,因为野生的雪绒花生长在环境恶劣的高山上,常人难以得见其美丽容颜,所以见过雪绒花的人都是英雄。在奥地利,偶有贵客来访,人们才会拿出一两只晒干的雪绒花作为珍贵的礼物赠送来客。

3. 在经济领域里的应用

火绒草具有清热凉血、益肾利水的功效,主治急慢性肾炎、尿血,对治疗蛋白尿和血尿有效。民间单方用于治疗肾炎水肿,效果比较显著。

2.10　鸡蛋花

【身份信息】

名　称	鸡蛋花(图10)
学　名	*Plumeria rubra*
别　称	缅栀子、蛋黄花、大季花
科属名	夹竹桃科,鸡蛋花属
分　布	原产南美洲,我国南部有栽培
备　注	老挝国花

【鉴别特征】

1. 形态特征

鸡蛋花为落叶小乔木或灌木,高约5~8 m。鸡蛋花的枝条粗壮,幼时肉质,绿色,无毛;叶大、厚纸质,多聚生于枝顶,叶脉在近叶缘处连成一边脉。花数朵聚生于枝顶,花冠筒状,径约5~6 cm,5裂,外面乳白色,中心鲜黄色,极芳香,呈螺旋状散开,瓣边白色,瓣心金黄色,恍如蛋白把蛋包裹起来;花期5~10月,果期在7~12月,一般栽培的植株很少结果。

2. 生活习性

鸡蛋花性喜高温高湿、阳光充足、排水良好的环境。鸡蛋花生性强健,能耐干旱,但畏寒冷、忌涝渍,喜酸性土壤,但也抗碱性。鸡蛋花栽培以深厚肥沃、通透良好、富含有机质的酸性沙壤土为佳。鸡蛋花适合温度为23℃~30℃,夏季能耐40℃的极端高温,气温低于15℃,植株开始落叶休眠,直至来年4月左右。鸡蛋花叶片易感染角斑病、白粉病和遭受介壳虫危害。

【精彩赏析】

1. 花言草语

孕育希望,复活,新生。

2. 传奇故事

传说,有一位美丽的天使,因为爱情而违反天条,逃离天国流落到人间的南国。不久,面对无处不在的天威,天使在七星岩天柱岩上最后一次把心爱的爱情信物——一条情人相赠的黄丝带,紧紧地缠绕在洁白的翅膀之上,然后用一种无畏的姿势,粉身于这无比坚硬的岩石。此举感动了上苍,于是在殉情的七星岩天柱岩上,破壁长出了一棵神奇的树,花开如蛋、黄白有致。这坚贞的爱情信物是她前生留下的唯一印象。每到天使殉情的季节,南国大地遍开这种神奇的花朵,人们都称它叫鸡蛋花。

【功能应用】

1. 在园林绿化上的应用

鸡蛋花树形美观,茎多分枝,奇形怪状,千姿百态;叶似枇杷,冬季落叶后,枝头上便留下半圆形的叶痕,颇像缀有美丽斑点的鹿角,是热带地区园林绿化、庭院布置、盆栽观赏的首选小乔木佳品。

2. 在社交礼仪上的应用

在中国西双版纳和东南亚一些国家,鸡蛋花被佛教寺院定为"五树六花"之一而广泛栽植,赋予了深厚的佛教内涵。

3. 在经济领域里的应用

鸡蛋花可提取香精供制造高级化妆品、香皂和食品添加剂之用,价格颇高,极具商业开发潜力;也可将鲜花晒干后供泡茶之用,俗称鸡蛋花茶,有治热下痢、润肺解毒的功效。树皮薄而呈灰绿色,富含有毒的白色液汁,可用来外敷,医治疥疮、红肿等症。

2.11 姜 花

【身份信息】

名　称	姜花(图11)
学　名	*Hedychium coronarium*
别　称	蝴蝶姜、穗花山奈、蝴蝶花、香雪花、夜寒苏、姜兰花、姜黄
科属名	姜科,姜花属
分　布	印度、越南、马来西亚和澳大利亚,我国四川、云南、广西、广东、湖南和台湾
备　注	古巴国花

【鉴别特征】

1. 形态特征

姜花为多年生草本植物,花期5~11月,株高1~2 m,地下茎块状横生而具芳香,形若姜。姜花的叶片绿色,全缘,光滑,叶长椭圆状披针形,长40~50 cm,宽7~12 cm,上表面光滑,下表面具长毛,没有叶柄,叶脉平行;花序顶生,密穗状,有大型的苞片保护,每1花序通常会绽开10~15朵花,花色有白、黄、红与橙色等;乍看之下,每朵姜花仿若有4片花瓣,相互包卷成短柱状,实则只有2瓣,因为其中有一较为宽大、貌似蝴蝶的双翼花瓣,是瓣状雄蕊特别演化所形成的,而真正具有繁衍能力、可散播花粉的雄蕊,则是与花柱合生于一起。姜花花萼在花瓣的后方,呈三条细细的圆筒状,前面呈细管状,末端呈现为狭瓣状;伸出这些真假花瓣之中的条状花柱,柱头上端有淡黄色的花药和花粉,神似蝴蝶的触须,使得整朵姜花更加酷似蝴蝶飞舞的模样;丛生于花序之上的数朵姜花,则宛如数只蝴蝶共飞群聚于一起,愈发的美艳,正因其外观似蝴蝶之状,故又称为蝴蝶姜。姜花每株可连续开放达10多朵小花,在植株上开花期可长达7 d以上;果为3瓣裂的蒴果;种子红棕色,其上有红色假种皮。

2. 生活习性

姜花不耐寒,喜冬季温暖、夏季湿润环境,抗旱能力差,生长初期宜半阴,生长旺盛期需充足阳光,土壤宜肥沃,保湿力强。

【精彩赏析】

1. 花言草语

将记忆永远留在夏天。

2. 传奇故事

姜花并非我国的特产,而是从国外引进的洋花之一,其老家是印度和马来西亚的热带地区,大约在清代传入我国。它一枝挺拔,一个花苞开出五六朵洁白泛黄的花儿,每朵有三片花瓣,宛如翩翩白蝶,聚集于翡翠簪头,从朝到暮,喷放清香,故欧美把姜花称作"蝴蝶百合"。也许由于姜花蕴含着纯朴的气质,至今为高风亮节者赏之;一笔在手,舞文弄墨者赞之;即使终年劳顿、寂寂无闻的下里巴人也爱之。在城镇街头上,许多家庭妇女去市场买菜时,常顺便买几枝回家。在香港,每逢夏秋之间,几乎所有花店、花摊都有姜花出售,它的价格比剑兰、菊花、康乃馨便宜一半有多,采购者络绎不绝,有些出租汽车司机,也用个小瓶在车厢内插上一两枝,借以享受一下它那清新的香味。

3. 诗歌欣赏

生如姜花

无名氏

我心中的好女子

其形如姜花

不骄不躁

身于浊泥却洁白无瑕

我心中的好女子

须性若姜花

给她一点清水

就还你满室清香

花各有姿

卉皆吐芳

尽管世俗的眼光总是投向美艳婀娜

我只愿自己是一支姜花

有人欣赏也好

无人喝彩也罢

在我生命的短暂一刻

馨香自然

【功能应用】

1. 在园林绿化上的应用

姜花是盆栽的好材料,可配植于小庭院内,十分幽雅耐看。姜花亦可用于园林中,成片种植,或条植、丛植于路边、庭院、溪边、假山间,开花后似一群美丽的蝴蝶,翩翩起舞,争芳夺艳,无花时则郁郁葱葱,绿意盎然。

2. 在社交礼仪上的应用

姜花是理想的切花花材。在我国岭南的水乡,种植姜花颇多,不少豆蔻初开的儿女,凭着一颗纯朴无邪的心,随手摘下几枝姜花,送到心上人的家里去,以此传递爱情。

3. 在经济领域里的应用

姜花可食,是一种新兴的绿色保健食用蔬菜。姜花的根茎可药用,有温中散寒、止痛消食的功效。

2.12　金合欢

【身份信息】

名　称	金合欢(图12)
学　名	*Acacia farnesiana*
别　称	鸭皂树、刺球花、消息树、牛角花
科属名	豆科,金合欢属
分　布	热带和亚热带地区,尤以大洋洲及非洲的种类最多,我国西部和东南部
备　注	澳大利亚国花

【鉴别特征】

1. 形态特征

金合欢为灌木,高2~4 m;枝具刺,刺长可达1~2 cm;二回羽状复叶,羽片4~8对,每羽片具小叶10~20对,小叶片线状长椭圆形;头状花序腋生,直径1.5 cm,常多个簇生。荚果圆柱形,长3~7 cm,直径8~15 mm;种子多颗,黑色。金合欢花小,芳香,聚生成球形或圆筒形的簇;花多为黄色,偶为白色;雄蕊多数,使花朵外形呈绒毛状;头状花序簇生于叶腋,盛开时,好像金色的绒球一般。

2. 生活习性

金合欢性喜温暖和阳光直射的环境,要求土壤疏松肥沃、腐殖质含量高、湿润透气的沙质微酸性土壤。

【精彩赏析】

1. 花言草语

稍纵即逝的快乐。

2. 传奇故事

相传虞舜南巡仓梧而死，其妃娥皇、女英遍寻湘江，终未寻见。二妃终日恸哭，泪尽滴血，血尽而死，遂为其神。后来，人们发现她们的精灵与虞舜的精灵"合二为一"，变成了合欢树。合欢树叶，昼开夜合，相亲相爱。自此，人们常以合欢表示忠贞不渝的爱情。

3. 诗歌欣赏

题合欢

（唐）李颀

开花复卷叶，艳眼又惊心。

蝶绕西枝露，风披东干阴。

黄衫漂细蕊，时拂女郎砧。

【功能应用】

1. 在园林绿化上的应用

金合欢树态端庄优美，春叶嫩绿，意趣浓郁，冠幅圆润，呈现迎风招展的英姿。金合欢不但是园林绿化、美化的优良树种，还是公园、庭院的观赏植物。

2. 在社交礼仪上的应用

金合欢适宜家庭盆栽观赏，其树态、叶片、花姿极其优美，开放方式特别，花极香，可布置在阳台、平台上莳养，开花后置于室内或几案观赏，幽香四溢，令人赏心悦目、心旷神怡。

3. 在经济领域里的应用

金合欢是一种经济树种，花极香，供提取香精，可提炼芳香油作高级香水等化妆品的原料；木材坚硬，可制贵重器具用品；果荚、树皮和根内含有单宁，可做黑色染料。

金合欢茎中流出的树脂含有树胶，常用于外治伤口、疔痈肿毒，也可用作毒蛇咬伤的解毒剂。此外，金合欢还能直接杀灭被细菌感染的细胞，起止痛、抗菌、消炎、抗病毒作用。

2.13 菊 花

【身份信息】

名　　称	菊花(图13)
学　　名	*Dendranthema morifolium*
别　　称	鞠、寿客、傅延年、节华、更生、金蕊、黄花、阴成、女茎、女华、帝女花、九华、金英、黄华、秋菊、陶菊
科属名	菊科,菊属
分　　布	遍布全球
备　　注	日本(皇室)国花,北京市市花,开封、南通、太原、彰化、中山等市市花

【鉴别特征】

1. 形态特征

菊花为多年生草本植物,株高20~200 cm,通常高30~90 cm,其茎色嫩绿或褐色,除悬崖菊外多为直立分枝,基部半木质化。菊花单叶互生,卵圆至长圆形,边缘有缺刻及锯齿;头状花序顶生或腋生,一朵或数朵簇生;舌状花为雌花,筒状花为两性花;舌状花分为平、匙、管、桂、畸5类,色彩丰富,有红、黄、白、墨、紫、绿、橙、粉、棕、雪青、淡绿等色系;筒状花发展成为具各种色彩的"托桂瓣",有红、黄、白、紫、绿、粉红、复色、间色等色系。

菊花花序大小和形状各有不同,有单瓣、重瓣,有扁形、球形,长絮、短絮、平絮和卷絮,有空心和实心,有挺直的和下垂的,式样繁多,品种复杂。根据花期迟早,有早菊花(9月开放),秋菊花(10~11月),晚菊花(12月至次年元月),但经过园艺家们的辛勤培植,改变日照条件,也有5月开花的五月菊,7月开花的七月菊。根据花径大小区分,花径在10 cm以上的称大菊,花径在6~10 cm的为中菊,花径在6 cm以下的为小菊。根据瓣型可分为平瓣、管瓣、匙瓣3类10多个类型。

2. 生活习性

菊花喜凉爽、较耐寒,生长适温18℃~21℃,地下根茎耐旱,最忌积涝,喜地势高、土层深厚、富含腐殖质、疏松肥沃、排水良好的壤土。在微酸性至微碱性土壤中皆能生长,以pH6.2~6.7最好。菊花为短日照植物,在每天14.5 h的长日照下进行营养生长,每天12 h以上的黑暗与10℃的夜温适于花芽发育。

【精彩赏析】

1. 花言草语

菊花花语:清净,高洁,我爱你,真情。

红色菊花:爱我。

白色菊花:事实。

翠菊:追想,可靠的爱情,请相信我。

六月菊:别离。

冬菊:别离。

法国小菊:忍耐。

瓜叶菊:快乐。

波斯菊:纯真并永远快乐着。

大波斯菊:少女纯情。

万寿菊:友情。

矢车菊:纤细,优雅。

麦秆菊:永恒的记忆,刻画在心。

鳞托菊:永远的爱。

2. 传奇故事

中国是最早种植菊花的国家。春秋时期,孔子就已描述过菊花。在中国的传统文化中,菊花一直被看作成熟而又寓意深广之花。相传,明末名儒陆平泉初入仕途时,与同僚去见宰相严嵩,众官员争先恐后向前献媚。陆平泉见庭中陈列着许多盆菊花,便冷冷地说道:"诸君且从容一些,不要挤坏了陶渊明!"语中含有讽刺且十分隽妙,争宠者听后都面有愧色。

3. 诗歌欣赏

题菊花

(唐)黄巢

飒飒西风满院栽,蕊寒香冷蝶难来。

他年我若为青帝,报与桃花一处开。

【功能应用】

1. 在园林绿化上的应用

菊花为园林应用中的重要花卉之一,广泛用于花坛、地被、盆花和切花等。

2. 在社交礼仪上的应用

菊花是中国十大名花之一,古神话传说中菊花被赋予了吉祥、长寿的含义。中国历代诗人画家,以菊花为题材吟诗作画众多,因而历代歌颂菊花的大量文学艺术作品和艺菊经验,给人们留下了许多名谱佳作。

3. 在经济领域里的应用

菊花除具有观赏价值外,还是一种实用植物,按用途分为食用菊、茶用菊和药用菊等。

食用菊,主要品种有蜡黄、细黄、细迟白、广州红等,广东为主要产地。这些食用菊主要作为酒宴汤类、火锅的名贵配料,流行、畅销于港澳地区。菊花脑为江苏南京地区老百姓喜爱的蔬菜,通常用于做汤或炒食,具有清热明目的功效。

茶用菊,主要有浙江杭菊、河南怀菊、安徽滁菊和亳菊。茶用菊经窨制后,可与茶叶混用,亦可单独饮用。饮用茶用菊泡出的茶水,不仅具有菊花特有的清香,且可去火、养肝、明目。

药用菊,主要有黄菊和白菊,还有安徽歙县的贡菊、河北的泸菊、四川的川菊等。药用菊具有抗菌、消炎、降压、防冠心病等作用。

2.14　卡特兰

【身份信息】

名　称	卡特兰(图14)
学　名	*Cattleya hybrida*
别　称	阿开木、嘉德利亚兰、嘉德丽亚兰、加多利亚兰、卡特利亚兰
科属名	兰花科,卡特兰属
分　布	原产热带美洲
备　注	哥伦比亚、哥斯达黎加等国国花

【鉴别特征】

1. 形态特征

卡特兰的假鳞茎呈棍棒状或圆柱状,具1~3片革质厚叶,是储存水分和养分的组织。花单朵或数朵,着生于假鳞茎顶端,大而美丽,色泽鲜艳而丰富。花萼与花瓣相似,唇瓣3裂,基部包围雄蕊下方,中裂片伸展而显著。卡特兰花梗长20 cm,有花5~10朵,花径约10 cm,有特殊的香气,每朵花能连续开放很长时间;除黑色、蓝色外,几乎各色俱全,姿色美艳。一般秋季开花1次,有的能开花2次,一年四季都有不同品种开花。

2. 生活习性

卡特兰喜温暖湿润环境,越冬温度,夜间15℃左右,白天20℃~25℃,保持大的昼夜温差至关重要,不可昼夜恒温,更不能夜温高于昼温。卡特兰生长要求半阴环境,春夏秋三季应遮去50%~60%的光线。湿度方面,在开花期减少浇水,可促进花芽分化;新芽形成或花苞形成后,要多浇水,但夜间要避免浇水,特别是寒潮侵袭的时候必须完全停止浇水;平常空气湿度控制在60%~65%,同时适当施肥和通风。

【精彩赏析】

1. 花言草语

敬爱,倾慕。

2. 传奇故事

卡特兰,即嘉德丽亚兰,它有"兰花之王"的美誉。它那娇艳欲滴的花儿令看到它的人都啧啧称赞。卡特兰的原产地主要在热带亚洲、中南美洲等高温多湿的蛮荒地区,在当地的居民眼里,它只是一种常见的小野花,并没有对它善加利用。尽管它的花形和花色富于变化,千娇百媚,但它就那样静静地在深山野林中绽放着。不知道是否是命运的安排,注定了这种深谷中的幽兰也有声名远扬的机会。

1818年,一位名叫史威森的英国人到巴西采集栽培花卉的水苔和地衣。当时史威森先生为了捆扎水苔和地衣,需要一些绳索之类的东西。它发现卡特兰的植株可以代替绳索,于是就地取材,用它捆扎水苔和地衣一起运送回国了。

有一天,园艺学家嘉德丽前去拜访史威森,无意间看到了这些卡特兰植株。这种从未见过的植物引起了他的好奇心,于是便索要了一些植株,带回去种在花圃里,并精心培育着它们。

令人兴奋的是,经过6年漫长时间的栽培,居然开出了从未见过的艳丽花朵。嘉德丽先生兴奋无比,马上请植物学家Lindley博士加以鉴定。经Lindley博士鉴定,确定它是一种从未被发现的新植物,Lindley博士还特地以嘉德丽先生的大名Cattleya来为它命名,以纪念这位幸运且认真的园艺学家所作出的贡献,并且感谢他的慧眼识花,这就是"卡特兰"或称"嘉德丽亚兰"的由来。

按理说史威森才是第一个发现卡特兰的人,但是因为他只是把它当成绳索用,并没有发现它的美妙之处,所以他并不是识得此花的第一人。而威廉嘉德丽才是真正识花和懂花之人,经由他的努力,卡特兰才得以在世人面前展露风姿。

3. 诗歌欣赏

我梦中的卡特兰

无名氏

你是那么的娇美
你是那么的华贵
你是兰中的艳后

我梦中的卡特兰
你是那么的鲜艳多彩
你是那么的千姿百态
你是那么的骄傲迷人
你是我梦中的卡特兰

你在大洋的彼岸向我招手
我在家乡的土地把你思念
是日月同辉还是花蝶相恋
你永远是我梦中的卡特兰

【功能应用】

1. 在园林绿化上的应用

卡特兰属园艺杂交种,是国际有名的兰花之一,通常用蕨根、苔藓、树皮块等盆栽。

2. 在社交礼仪上的应用

卡特兰花形、花色千姿百态,绚丽夺目,常出现在喜庆、宴会上用于插花观赏。例如,用卡特兰、蝴蝶兰为主材,配以文心兰、玉竹、文竹瓶插,鲜艳雅致,有较强节奏感;若以卡特兰为主花,配上红掌、丝石竹、多孔龟背竹、熊草,则显轻盈活泼。

3. 在经济领域里的应用

卡特兰与石斛、蝴蝶兰、万带兰并列为观赏价值最高的四大观赏兰类,在盆花、切花市场上中更是少不了它的情影,具有广阔的市场前景,经济效益十分可观。

2.15　兰　花

【身份信息】

名　称	兰花(图15)
学　名	*Cymbidium ssp.*
别　称	兰草、中国兰、兰华、幽兰、空谷仙子、香祖
科属名	兰科,兰属
分　布	春兰和惠兰:甘肃、陕西、河南、安徽、湖北、湖南、江西、浙江 寒兰、台兰、兔耳兰:湖南、江西、浙江、福建、台湾、广东、广西、云南、贵州 建兰:浙江、江西、福建、台湾、广东、广西、云南、贵州 墨兰:福建、台湾、广东、广西、海南、云南
备　注	巴拿马国花,浙江省省花,绍兴市市花

【鉴别特征】

1. 形态特征

兰花为多年生草本植物,根肉质肥大,无根毛,有共生菌,兰花有假鳞茎,俗称芦头,外包有叶鞘,常多个假鳞茎连在一起,成排同时存在。

花单生或成总状花序,花梗上着生多数苞片;两性,具芳香。花冠由3枚萼片与3枚花瓣及蕊柱组成,萼片中间1枚称主瓣;下2枚为副瓣,副瓣伸展情况称户;上2枚花瓣直立,肉质较厚,先端向内卷曲,俗称捧;下面1枚为唇瓣,较大,俗称兰荪。果实成熟后为褐色,种子细小呈粉末状。

2. 生活习性

兰花性喜阴,忌阳光直射,喜湿润,忌干燥,喜肥沃、富含大量腐殖质、排水良好、微酸性的沙质壤土。

【精彩赏析】

1. 花言草语

淡泊,高雅,美好,高洁,贤德。

2. 传奇故事

从前,在大别山一个幽谷里住着婆媳两个人。婆婆总是诬赖童养媳兰姑娘好吃懒做,动不动就不给她吃喝,还罚她干重活。

一天早上,兰姑娘在门外石碓上舂米,家中锅台上的一块糍粑被猫拖走了。恶婆一口咬定是兰姑娘偷吃了,逼她招认。逼供不出,就把兰姑娘毒打一顿,又罚她一天之内要舂出九斗米,兰姑娘只得拖着疲惫不堪的身子,不停地踩动那沉重的石碓。

太阳落山了。一整天滴水未沾的兰姑娘又饥又渴,累倒在石碓旁,顺手抓起一把生米放到嘴里嚼着。恶婆一听石碓不响,跑出来一看,气得双脚直跳,拿起木棒打得兰姑娘晕倒在地。恶婆并不解恨,还说兰姑娘是装死吓人。她又扯下兰姑娘裹脚带,将她死死的捆在石碓的扶桩上,然后撬开兰姑娘的嘴巴,拽出舌头,拔出簪子,狠命地在兰姑娘的舌头上乱戳一气,直戳得血肉模糊……可怜的兰姑娘,就这样无声无息地死去了。也不知过了多少年,多少代,在兰姑娘死去的幽谷中,长出了一棵小花,淡妆素雅,玉枝绿叶,无声无息地吐放着清香。人们都说这花是兰姑娘的化身,卷曲的花蕊像舌头,花蕊上缀满的红斑点是斑斑的血痕。

3. 诗歌欣赏

咏 兰

(元)余同麓

手培兰蕊两三栽,日暖风和次第开。

坐久不知香在室,推窗时有蝶飞来。

【功能应用】

1. 在园林绿化上的应用

兰花是世界闻名的花卉,主要用于盆栽观赏。

2. 在社交礼仪上的应用

中国兰栽培历史悠久,最少在千年以上,为中国十大传统名花之一。自古以来人们把兰花视为高洁、典雅、爱国和坚贞不屈的象征,常被用来馈赠亲朋好友,或作为吟诗作画的对象,或作为圣洁君子的象征,从而形成了具有中华民族浓郁特色的兰文化。

3. 在经济领域里的应用

兰花滋养阴液,生津润燥,治疗恶性肿瘤放疗后致口干烦渴后遗症;清热凉血,养阴润肺,治干咳久嗽、肺咯血;顺气和血,利湿消肿,治尿道感染、妇女白带;疏肝解郁,调和气血,治头晕目眩、神经衰弱。

兰花的香气清冽、醇正,用来熏茶,品质最高。在兰花产区或大规模兰圃,兰花茶是有发展前途的。

兰花可作菜肴,如川菜中的名菜"兰花肚丝"等,清香扑鼻,缭绕席间,食之令人终生难忘。

2.16 铃 兰

【身份信息】

名　称	铃兰(图16)
学　名	*Convallaria majalis*
别　称	草玉玲、君影草、香水花、鹿铃、小芦铃、草寸香、糜子菜、芦藜花
科属名	百合科,铃兰属
分　布	黑龙江、吉林、辽宁、内蒙古、河北、山西、山东、河南、陕西、甘肃、宁夏、浙江和湖南,朝鲜、日本至欧洲、北美洲也常见。
备　注	芬兰、瑞典等国国花

【鉴别特征】

1. 形态特征

铃兰为多年生宿根花卉,株高20 cm,地下部分具有平展多分枝的长匍匐状根茎,根茎先端具椭圆形的顶芽。春天,每个顶芽长出2~3枚椭圆形或椭圆形披针形的叶片,长7~20 cm,宽3~3.5 cm。铃兰的花似小铃,生于花茎顶端呈总状花序。白色的花悬垂若铃串,一茎着花6~10朵,清香四溢,令人陶醉。

2. 生活习性

铃兰喜凉爽、湿润及半阴的环境,耐寒性强,忌炎热干燥。它喜富含腐殖质、湿润而排水良好的砂质壤土,忌干旱;喜微酸性土壤,在中性和微碱性土壤中也能正常生长。

【精彩赏析】

1. 花言草语

纯洁,幸福。

2. 传奇故事

在古老的苏塞克斯的传说中,勇士圣雷纳德决心为民除害,在森林中与邪恶的巨龙拼杀,最后精疲力竭与巨龙同归于尽。他死后的土地上,长出了白色小花,犹如玉铃的铃兰。那块冰冷土地上独自绽放的铃兰就是圣雷纳德的化身,凝聚了他的血液和精魂。根据这个传说,把铃兰花赠给亲朋好友,幸福之神就会降临到收花人。

3. 诗歌欣赏

铃　兰

(当代)亲亲美人蕉

握住铃兰花

幸福就要到来了吗

那有毒的情节

会不会

像风一样

可以一笔带过

我知道你一直关注我

希望我能快乐

可是曾经的爱情

真的就像这铃兰花一样

美丽却是有毒的

你以为你走了

我就会把你忘记吗

你以为有你的祝福

我就不孤单了吗

你说铃兰有毒也是药

也许可以伴我走过心劫

可是

我却执着地不想再要什么

也许在祝愿声中

饮下一杯铃兰茶

我就可以什么都不用想了

如果你还在意我

请转过身去

别再看我

我只想一个人静静地喝

【功能应用】

1. 在园林绿化上的应用

铃兰在园林上主要种植于落叶林下、林缘和林间空地及建筑物背面的半阴处。作为地被植物,也可与其他花卉配置于花坛和花境,是十分理想的盆栽及花坛、花境、草坪用花。铃兰不仅能净化空气,而且能抑制结核菌、肺炎双球菌、葡萄球菌的生长繁殖。

2. 在社交礼仪上的应用

铃兰可作为切花,用于插花作品中。

3. 在经济领域里的应用

夏季果实成熟后,采收铃兰全草,除去泥土,晒干,可入药。铃兰有强心作用,疗效显著。此外,它的花可以提取芳香油。

2.17 龙船花

【身份信息】

名　　称	龙船花(图17)
学　　名	*Ixora chinensis*
别　　称	英丹、仙丹花、百日红、山丹
科属名	茜草科,龙船花属
分　　布	越南、菲律宾、印度尼西亚等热带地区,我国分布于福建、广东、广西等地
备　　注	缅甸国花

【鉴别特征】

1. 形态特征

龙船花为常绿小灌木,老茎黑色有裂纹,嫩茎平滑无毛。浆果近球形,熟时红黑色。叶对生,革质,倒卵形至矩圆状披针形,长6~13 cm,宽2~4 cm。聚伞形花序顶生,花序具短梗,有红色分枝,长6~7 cm,花序直径6~12 cm,有许多红色至橙色的花,十分美丽。花直径1~2 cm,花冠筒长3~3.5 cm,有4裂片,花冠红色或橙红色。

2. 生活习性

龙船花喜温暖、湿润和阳光充足环境;不耐寒,耐半阴,不耐水湿和强光。茎叶生长期需充足水分,保持盆土湿润,有利于枝梢萌发和叶片生长,但长期过于湿润,容易引起部分根系腐烂,影响生长和开花。在充足的阳光下,叶片翠绿有光泽,有利于花序形成,开花整齐,花色鲜艳。在半阴环境下也能生长,但叶片淡绿,缺乏光泽,开花少,花色较浅。夏季强光时适当遮阴,可延长观花期。土壤以肥沃、疏松和排水良好的酸性砂质壤土为佳。

【精彩赏析】

1. 花言草语

争先恐后。

2. 传奇故事

俗语说,月无百日圆,花无百日红,但缅甸的国花——龙船花却偏偏因为花期较长而被人们称为"百日红"。

缅甸的依思特哈族人有一种特别浪漫而有趣的婚姻习俗,他们自古以来临水而居,凡有女儿的人家都会早早地在临近房屋的水面上用竹木筑成一个浮动的小花园,并在里面种满龙船花,然后用绳索将它系住。等到女儿出嫁那一天,就给她打扮得漂漂亮亮,然后让她坐在这个浮动的小花园里,最后将绳索砍断,任其顺水而流。新郎则一大早就在下游的岸边等待,准备迎接载着新娘飘来的小花园。当小花园飘来时,新郎就抓住绳索将它拉上岸,然后牵着新娘一同回家举行婚礼。

3. 诗歌欣赏

五律·龙船花

(当代)馨苑

锦簇鲜花绽,非龙也舞风。

三春虽已过,百日照然红。

菊少仙丹丽,桃输船女容。

痴心长地久,有爱醉云空。

【功能应用】

1. 在园林绿化上的应用

龙船花株形美观,开花密集,花色丰富,终年有花可赏,是重要的盆栽木本花卉,广泛用于盆栽观赏。

2. 在社交礼仪上的应用

龙船花未开时,很像一根根微型的细簪直刺蓝天;开放后,四片花瓣平展成一个个十字。在古代,十字图形代表避邪驱魔、去病瘟的咒符,所以每年的端午节,划龙船的老百姓为了避邪驱魔,去除病瘟,求得吉祥,就把它与菖蒲、艾草并插在龙船上。

3. 在经济领域里的应用

龙船花具有散瘀止血、调经、降压、清肝、活血、止痛等功效,用于治疗高血压、月经不调、颈骨折伤、疮疡等。此外,其根、茎可用于治疗肺结核咯血、胃痛、风湿关节痛、跌打损伤等。

2.18 毛蟹爪兰

【身份信息】

名 称	毛蟹爪兰(图18)
学 名	*Zygocactus trurncatus*
别 称	锦上添花、圣诞仙人掌
科属名	仙人掌科,蟹爪兰属
分 布	巴西、墨西哥热带雨林
备 注	巴西国花

【鉴别特征】

1. 形态特征

毛蟹爪兰花体色鲜绿,茎多分枝,常成簇而悬垂,一根枝条由若干节组成,每节呈倒卵形或长椭圆形,数节连贯,似蟹爪,因而得名。其根紧紧攀附在巨树高枝或悬崖峭壁上,不为风雨所动摇。毛蟹爪兰花瓣坚实俊艳,颜色富有变化,黄绿色的花瓣上间有紫色斑纹,白色唇瓣上缀有黄色条纹,色调柔和,相映成趣,整个花朵显得芬芳艳美。

2. 生活习性

毛蟹爪兰喜肥,忌用浓烈的化肥。夏天怕晒,需放在荫棚下养护;春秋季节,应尽量多见阳光;冬天必须保持足够的阳光,以保证植株自身养分的积累,如不能满足上述条件,则引起落蕾。最适宜的温度为15℃~25℃,夏季超过28℃植株便处于休眠或半休眠状态;冬季室温以15℃~18℃为宜,温度低于15℃有落蕾的可能。

【精彩赏析】

1. 花言草语

高瞻远瞩,坚毅刚强,不畏艰难,勇往直前。

2. 传奇故事

巴西是南美洲第一大国,赤道从他的南部穿过,全年湿热,适宜热带兰花生长。毛蟹爪兰是原产巴西、墨西哥热带雨林中的一种附生植物。开花时节，漫步其间，幽香扑鼻，令人心醉。它自1818年被人们发现以来，已在世界各国广泛栽培，经园艺家的选育，已培养出200多个优良品种。巴西人民之所以选毛蟹爪兰为国花，是因为它的花朵容貌清丽端正，超群而谦和。花形大而美丽，象征巴西人民高瞻远瞩；花瓣坚实，象征巴西人民坚毅刚强；颜色富于变化，象征巴西人民不畏任何困难。毛蟹爪兰以其株形优美、花色艳丽深受花卉爱好者的欢迎。巴西曾经将此花馈赠中国，丰富了中国花卉品种。

3. 诗歌欣赏

七律·蟹爪兰

无名氏

曾经不意嫁仙人，二月悠闲嫌婉陈。

百媚随红垂蟹爪，千姿入夜逸芳醇。

确为早暖花惹醉，肯信娇颜梦问津。

也伴缃梅殷世俗，低吟浅唱绝英尘。

【功能应用】

1. 在园林绿化上的应用

毛蟹爪兰茎长，呈悬垂状，故常被制作成吊篮做园林立体绿化装饰。

2. 在社交礼仪上的应用

毛蟹爪兰开花正逢圣诞节、元旦，株型垂挂，花色鲜艳可爱，适合窗台、门庭入口处和展览大厅装饰。

3. 在经济领域里的应用

毛蟹爪兰具有解毒消肿功能，主治疮疡肿毒、腮腺炎等。

2.19 玫 瑰

【身份信息】

名　称	玫瑰(图19)
学　名	*Rosa rugosa*
别　称	徘徊花、刺客、穿心玫瑰
科属名	蔷薇科,蔷薇属
分　布	原产辽宁、山东等地,现栽培分布各地,以山东、江苏、浙江、广东为多,山东平阴、北京妙峰山涧沟、河南商水县周口镇及浙江吴兴等地都是玫瑰的有名产地。朝鲜、日本及欧美均有栽培
备　注	美国、保加利亚、英国等国国花,承德市、兰州、沈阳、乌鲁木齐、银川等市市花

【鉴别特征】

1. 形态特征

玫瑰为直立灌木,茎丛生,有茎刺,其单数羽状复叶互生,小叶5~9片,椭圆形或椭圆形状倒卵形,长1.5~4.5 cm,宽1~2.5 cm,先端急尖或圆钝,基部圆形或宽楔形。叶边缘有尖锐锯齿,上面无毛,深绿色,叶脉下陷,多皱,下面有柔毛和腺体,叶柄和叶轴有绒毛,疏生小茎刺和刺毛;托叶大部附着于叶柄,边缘有腺点;叶柄基部的刺常成对着生。花单生于叶腋或数朵聚生,苞片卵形,边缘有腺毛,花梗长5~25 mm,密被绒毛和腺毛,花直径4~5.5 cm,上有稀疏柔毛,下密被腺毛和柔毛;花冠鲜艳,紫红色,芳香;花梗有绒毛和腺体。玫瑰果扁球形,熟时红色,内有多数小瘦果,萼片宿存。

2. 生活习性

玫瑰系温带树种,耐寒,耐旱。它对土壤要求不严,在微碱性土地能生长,在富含腐殖质、排水良好的中性或微酸性轻壤土上生长和开花最好。玫瑰喜光,在庇荫下生长不良,开花稀少,不耐积水,受涝则下部叶片黄落,萌蘖性很强,生长迅速。

【精彩赏析】

1. 花言草语

黑玫瑰:你是恶魔且为我所有。

绿玫瑰:纯真简朴、青春长驻。

橙玫瑰:羞怯,献给你一份神秘的爱。

紫玫瑰:忧郁,梦幻。

黄玫瑰:不贞,嫉妒,欢乐,高兴,道歉,分开。

白玫瑰:天真,纯洁,尊敬,谦卑。

粉红玫瑰:初恋,求爱,甜蜜,爱心与特别的关怀。

橘玫瑰:欲望。

蓝玫瑰:憨厚,善良。

红玫瑰:热情,热爱着您,我爱你,热恋。

2. 传奇故事

俄国皇帝尼古拉一世于1825年继位后,派了一名将军护送太后玛丽亚·费奥多罗夫娜回皇家离宫皇村(今普希金城)。事毕,将军在附近散步,见一名持枪哨兵肃立路旁,可是在他守卫的地方却空无一物,将军甚感诧异。他问遍了所有的官员,但谁也说不清楚,只是说,那是宫廷礼仪的规定。后来,他在圣彼得堡得知,皇家花园这个岗哨设立已经有50年历史。设岗的根据是一纸命令"距东厢500步处设一岗哨"。由于将军每次来皇村都要去看一下这个神秘的岗哨,这样就使廷臣甚至太后本人也感兴趣了。设岗的秘密终于水落石出,原来最早命令设岗的是女皇叶卡捷琳娜二世。当年女皇经常在花园里散步,一天,她发现一株盛开的玫瑰,美艳动人,就想留给自己的孙子,因此她下了一道命令,在花旁设岗看守,以免被别人摘去,可是翌日,她把此事忘得一干二净,而岗哨从此就年复一年地保留下来。女皇死后,玫瑰花丛也枯萎无存,但哨兵却在原地不断地轮换着。

3. 诗歌欣赏

夜莺和玫瑰

(俄罗斯)普希金

在花园的寂静里,在春夜的幽暗中,

东方的夜莺对着玫瑰歌唱。

但可爱的玫瑰不加理会,充耳不闻,
伴随着深情的美人,难道你也如此歌唱?
哦,诗人,想一想,你追求的是什么?
她不听倾诉,也不理解诗人的感情;
你看她时,她在开放;可呼唤——没有回应。

【功能应用】

1. 在园林绿化上的应用

玫瑰花花姿优美,芳香宜人,是世界著名的园林观赏香花,主要用于盆栽、地栽观赏。

2. 在社交礼仪上的应用

玫瑰长久以来就象征着美丽和爱情。"玫瑰"这个词在《康熙字典》中指的是"彩色石头",尤其是红色石头。从国外刚传入红色玫瑰油时,中国人不知其所由来,以为是石油的一种,所以汉语误称为"玫瑰油"。"玫瑰"最初并非花名,只是当这种花引进时,人们认为她太美了,而那些好听的名字都已取给其他花朵,所以才叫这种花"玫瑰",后来便流行开来,并作为火热爱情的象征。

3. 在经济领域里的应用

由玫瑰花提取的芳香油,是世界著名的香精原料,其价值常比黄金还高。玫瑰将其花阴干入药,可理气活血、疏肝解郁,有行气、活血、收敛作用,主治肝胃气痛、食少呕恶、月经不调、跌打损伤等症。

玫瑰花茶,是新一代美容茶,对雀斑有明显的消除作用,同时还有养颜、消炎、润喉的特点。玫瑰花蕾具有行气活血的功效,常用于胸胁胃脘胀痛、经前乳房胀痛、损伤瘀阻疼痛以及消化不良、月经不调等症。

用科学方法加工而成的玫瑰花干,具有颜色鲜艳、味香等特点,可制成玫瑰酒、玫瑰露、玫瑰酱,具有清热消火、美容养颜的奇特功效,为待客馈赠的佳品。

果实中维生素C含量很高,是提取天然维生素C的原料。

2.20 茉莉花

【身份信息】

名　称	茉莉花(图20)
学　名	*Jasminum sambac*
别　称	香魂、末利、木梨花
科属名	木樨科,茉莉属
分　布	原产印度,中国南方及世界各地广泛栽培
备　注	菲律宾国花,江苏省省花,福州市市花

【鉴别特征】

1. 形态特征

茉莉花为常绿小灌木或藤本状灌木,高可达1 m。茉莉花枝条细长,小枝有棱角,有时有毛,略呈藤本状。单叶对生,光亮,宽卵形或椭圆形,叶脉明显,叶面微皱,叶柄短而向上弯曲,有短柔毛。初夏由叶腋抽出新梢,顶生或腋生,有花3~9朵,通常3~4朵,花冠白色,极芳香。大多数品种的花期6~10月,由初夏至晚秋开花不绝,但落叶型的冬天开花,花期11月至次年3月。

2. 生活习性

茉莉花性喜温暖湿润,在通风良好、半阴的环境生长最好。最适土壤是含有大量腐殖质的微酸性砂质土壤。茉莉花大多数品种畏寒、畏旱,不耐霜冻、湿涝和碱土。冬季气温低于3℃时,枝叶易遭受冻害,如持续时间长就会死亡。

【精彩赏析】

1. 花言草语

忠贞与尊敬;清纯,贞洁,质朴,玲珑;你是我的生命。

2. 传奇故事

很久以前,茉莉花长在玉皇大帝的御花园里,因为花开得硕大、艳丽,芳香袭人,深得玉皇帝宠爱,百花仙子将她取名为"美丽花"。

由于玉帝的特别宠爱，美丽花遭到其他花仙的疏远和妒忌。失去同伴的友谊，美丽花感到孤独和寂寞，渐渐地有了下凡的念头。在一个月高风清的夜晚，美丽花仙透过薄薄的云层，看到人间正万家灯火，其乐融融，就偷跑出御花园，驾云雾下到了人间。美丽花仙正好来到福州北郊新店的一个草庐旁，隔着窗户，只见屋内有一位眉清目秀的后生端坐桌旁正在秉烛夜读，书声琅琅。美丽花仙一下子被吸引住了。第二天，美丽花仙化作一个农村姑娘，乘年轻人下田劳动，就进了草屋，帮着打扫卫生，料理家务，烧菜做饭。

晚上，年轻人从地里回来，看到家中焕然一新，桌上菜热饭香，一位不知名的贤淑女子正端坐守候，不禁惊呆了。美丽花仙面含羞涩，向年轻人表明了自己的身份，并表示愿与他结成秦晋之好。年轻人听后又惊又喜，心想我已到了男大当婚的年龄，只是一事无成，家中又穷，所以成亲这事平日连想都不敢想。眼前这位贤淑女子主动示好，此乃天赐良缘，便一口允诺。

从此，夫妻俩男耕女织，日子越过越热乎，不觉天上方一日，人间已三年。话说美丽花仙下凡没几天，就被玉帝发现了。玉帝追问百花仙子，百花仙子掐指一算，得知美丽花仙已经下凡，在福州的新店安家落户，心想这下不好。百花仙子惶恐地向玉帝奏道："启奏玉帝，美丽花仙已经下凡，在福州新店已经与一位男子结婚。"玉帝大怒道："此花只应天上有，凡间谁人敢霸占！"当即招来雷公电母，要他们率天兵立即捉拿美丽花仙。

百花仙子心地善良，她知道美丽花仙这下将大难临头，有心相救。她使了个分身法，按下云头来到福州新店，向美丽花仙通报凶讯。美丽花仙闻讯大惊，跪地求百花仙子一定设法相救。百花仙子想了想，先叫美丽花仙的夫君立即逃离新店，领着美丽花仙来到郊野的山坡。

百花仙子叫美丽花仙立即现出原形，顿时，硕大的、娇艳无比的美丽花迎风亭亭玉立，香飘千里，只见百花仙了掏出身上的白缕帕，抖动着往美丽花上一抹，刹那间，硕大的美丽花变成了无数雪白的小花，布满了新店的山野。这时，雷公电母率大兵赶到新店，只见满山遍野的小花，却找不到美丽花，气愤不已，就调头去追赶美丽花仙的丈夫。

再说美丽花仙的丈夫逃出新店后，一直跑到茶会地界，他实在跑不动了,心里仍然挂念妻子的吉凶。这时,天上乌云密布,电闪雷鸣,情况十分危险,说时迟,那时快,百花仙子赶到,略施法术,美丽花仙的丈夫便钻入了地下。不久,这地方就长出了一大片的茶林,好好的一对夫妻一个留在新店,一个来到茶会,就这样分开了。新店的百姓将美丽花变成的小白花叫做"抹丽花",就是现在人们所称的茉莉花。

茶会的百姓将这里的茶叶摘下泡饮,觉得味道特别苦。后来,百花仙子托梦告诉人们,要把这里的茶叶跟新店的"抹丽花"混在一起窨制,让他们夫妻团圆,苦茶才能变香。于是,就有了畅销海内外的福建茉莉花茶。

3. 诗歌欣赏

行香子·茉莉花

(宋)姚述尧

天赋仙姿,玉骨冰肌。向炎威,独逞芳菲。轻盈雅淡,初出香闺。是水宫仙,月宫子,汉宫妃。

清夸苦卜,韵胜酴醾。笑江梅,雪里开迟。香风轻度,翠叶柔枝。与王郎摘,美人戴,总相宜。

【功能应用】

1. 在园林绿化上的应用

茉莉花是著名的香花,可作为盆栽观赏。

2. 在社交礼仪上的应用

茉莉花多用盆栽,点缀室容,清雅宜人,还可加工成花环等用于社交礼仪装饰品。

3. 在经济领域里的应用

茉莉花可提取茉莉花油,其主要成分为苯甲醇及其酯类、茉莉花素、芳樟醇、安息香酸、芳樟醇酯,具有行气止痛、解郁散结的作用,可缓解胸腹胀痛、下痢里急后重等病症,为止痛的食疗佳品。

茉莉花花、叶和根都可药用。一般秋后挖根,切片晒干备用;夏秋采花,晒干备用。其具有清热解毒、利湿、理气和中、开郁辟秽等作用,主治下痢腹痛、目赤肿痛、疮疡肿毒等病症。

茉莉花对多种细菌有抑制作用,内服外用,可治疗目赤、疮疡、皮肤溃烂等炎性病症。

常饮茉莉花茶,有清肝明目、延年益寿、健康身心的作用。茉莉花食用方法有茉莉花炒鸡蛋、茉莉冬瓜汤、茉香蜜豆花枝片、枸杞茉莉鸡、茉莉花粥、茉莉豆腐、茉莉银耳汤等。

2.21 木 棉

【身份信息】

名 称	木棉(图21)
学 名	*Bombax ceiba*
别 称	斑芝树、英雄树、攀枝花、赛波花
科属名	木棉科,木棉属
分 布	福建、广西、广东、贵州、四川、云南等亚热带地区,印度、澳大利亚等国
备 注	阿根廷国花,广东省省花,广州市市花

【鉴别特征】

1. 形态特征

木棉为落叶大乔木,高可达25 m,常高于邻树,故名"英雄树"。树干直立有明显瘤刺。掌状复叶互生,叶柄很长。早春先叶开花,花簇生于枝端,花冠红色或橙红色,直径约12 cm,花瓣5,肉质,椭圆状倒卵形,长约9 cm,外弯,边缘内卷,两面均被星状柔毛;雄蕊多数,合生成管,排成3轮,最外轮集生为5束。蒴果甚大,木质,呈长圆形,可达15 cm,成熟后会自动裂开,里面充满了木棉纤维,木棉纤维可做枕头、棉被等填充材料。种子多数,倒卵形,黑色,光滑,藏于白色毛内。木棉外观多变化:春天一树橙红,夏天绿叶成荫,秋天枝叶萧瑟,冬天秃枝寒树,四季展现不同的风情。

2. 生活习性

木棉属于热带树种,喜高温、高湿的气候环境,耐寒力较低,遇长期5℃~8℃的低温,枝条受冷害。木棉忌霜冻,华南南部的广州、南宁等地,正常年份可在露地安全越冬,寒冷年份有冻害;华南北部以至华北的广大地区,只能盆栽,冬季移入温棚或室内,室温不宜低于10℃。木棉喜光,不耐荫蔽,耐烈日高温,宜种植于阳光充足处。木棉对土壤的要求不苛刻,沙质土或粘重土均宜,喜酸性土,较耐干旱,亦稍耐水湿,对肥力的要求不高,一般肥力中等、磷钾肥较高的土壤,开花繁茂,色泽亦鲜艳;水分充足,氮肥较高的土壤枝叶繁茂,开花亦较多,但色泽欠鲜艳。

【精彩赏析】

1. 花言草语

珍惜身边的人,珍惜身边的幸福。

2. 传奇故事

传说在一次战斗中,一位印第安部落酋长不幸阵亡,她的女儿阿娜依挺身而出,指挥战斗,与西班牙殖民者浴血死战,最后她也被俘。西班牙殖民者将阿娜依绑在一棵赛波树上,要用火烧死她。阿娜依在熊熊的大火中慷慨就义。此时,花期未到的树上突然盛开出满枝累串、如火如血的红花。1942年,阿根廷通过一项法令,正式确定赛波花为阿根廷的国花。

3. 诗歌欣赏

东山木棉花盛开坐对成咏

(清)丘逢甲

亭亭十丈霭春烟,冠岭真同大树燃。

闰位群芳惭紫色,交柯余炎烛丹渊。

天扶赤运花应帝,人卧朱霞梦亦仙。

绝世英雄儿女气,不嫌绮绪更缠绵。

【功能应用】

1. 在园林绿化上的应用

木棉花较大,色橙红,极为美丽,可供欣赏,是优良的行道树、庭荫树和风景树,适于园林栽植。木棉树属于速生、强阳性树种,树冠总是高出附近的树群,以争取阳光雨露。木棉这种奋发向上的精神及鲜艳似火的大红花,被人誉为英雄树、英雄花。

2. 在社交礼仪上的应用

木棉树形高大,雄壮魁梧,枝干舒展,花红如血,硕大如杯,远观好似一团团在枝头尽情燃烧、欢快跳跃的火苗,极有气势,因此历来被人们视为英雄的象征。五指山黎族人民为了表示对英雄的崇敬和怀念，每逢青年男女结婚之日，都要精心种植一颗木棉树。

3. 在经济领域里的应用

木棉花有宣散风湿、清热利尿、解毒祛暑和止血的功效，用于治疗泄泻、痢疾、血崩、疮毒等，对慢性胃炎、胃溃疡、泄泻、痢疾等也有显著疗效。木棉的树皮称广东海桐皮，外用可治腿膝疼痛、疮肿、跌打损伤等。

2.22　欧石楠

【身份信息】

名　称	欧石楠(图22)
学　名	*Calluna vulgaris*
别　称	苏格兰石楠
科属名	杜鹃花科,欧石楠属
分　布	非洲南部,欧洲北部等
备　注	挪威国花

【鉴别特征】

1. 形态特征

欧石楠为常绿灌木，株高30 m，多分枝；叶常4枚轮生，光滑，针状；花小，红色，常下垂，钟形；花期在春季。

2. 生活习性

欧石楠喜光线充足，较耐寒，喜酸性、疏松、富含腐殖质的土壤。

【精彩赏析】

1. 花言草语

孤独，背叛。

2. 传奇故事

传说在地球还很年轻的时候，所有的花草都已经选择了自己的家，荷花选择了湖泊，紫罗兰选择了苔藓，百合选择了山野……

有一天,一片光秃的大山问道:"你们愿意用你们的美丽装扮我吗?"

荷花说:"我不能离开湖泊,百合说我不能离开土壤……"

大山很失望,这时有一棵不起眼的植物回答,我愿意,可是我不会开花,可我愿意为你遮风挡雨。

这个植物叫欧石楠。

大山欢迎了欧石楠,欧石楠很快布满了光秃的大山,就在第二天,欧石楠开出了漂亮的花朵,直到今天。

3. 诗歌欣赏

石楠

(唐)司空图

客处偷闲未是闲,石楠虽好懒频攀。

如何风叶西归路,吹断寒云见故山。

【功能应用】

1. 在园林绿化上的应用

欧石楠在欧洲非常闻名,曾经是西欧及北欧许多荒地的主要植被,因此有"山中薄雾"的称号。

2. 在社交礼仪上的应用

欧石楠树丛的原意就是荒野,在社交礼仪上表达孤独之意,有追求幸福的愿望。

3. 在经济领域里的应用

欧石楠的花蕊用来泡茶,能减轻疲劳感,养颜美容,维持消化道机能,帮助小便顺畅,调整生理机能。欧石楠富含矿物质,有收敛、利尿、杀菌、镇静的功效,可治疗肾病尿道感染,浸水沐浴可缓解疲劳、延年益寿,还能缓解风湿病及消除面部痤疮。

2.23 三角梅

【身份信息】

名　　称	三角梅(图23)
学　　名	*Bougainvillea spectabilis*
别　　称	九重葛、三叶梅、毛宝巾、簕杜鹃、三角花、叶子花、叶子梅
科属名	紫茉莉科,叶子花属
分　　布	原产巴西,中国各地均有栽培
备　　注	赞比亚国花,海南省省花,深圳、珠海、惠州、江门等市市花

【鉴别特征】

1. 形态特征

三角梅为常绿攀援状灌木,其枝具刺,拱形下垂。单叶互生,卵形全缘或卵状披针形,被厚绒毛,顶端圆钝。花顶生,细小,绿色,其貌并不惊人,不为人注意,常三朵簇生于三枚较大的苞片内。苞片卵圆形,为主要观赏部位,有鲜红色、橙黄色、紫红色、乳白色等,则有单瓣、重瓣之分,形似艳丽的花瓣,故名叶子花、三角花。

2. 生活习性

三角梅喜温暖湿润气候,不耐寒,在3℃以上才可安全越冬,15℃以上才可开花。三角梅喜充足光照。三角梅对土壤要求不严,在排水良好、含矿物质丰富的黏重壤土中生长良好,耐贫瘠,耐碱,耐干旱,忌积水,耐修剪。

【精彩赏析】

1. 花言草语

热情,坚韧不拔,顽强奋进。

2. 传奇故事

很久以前,老城的绣衣池街巷里有一位绣花姑娘,名叫小梅。小梅姑娘不仅人长得秀气文静,而且绣花的手艺远近闻名,吟咏作画也不一般。所以来绣衣池找她的,不仅有小姐少妇来切磋绣花技艺,还有不少公子哥慕名前来，一时使幽深的绣衣池变成文人雅士、闺中佳秀的聚集地。

俗话说："姑娘讲绣花，秀才讲文章。"可是这些秀才们来，不只欣赏她巧夺天工的绣花手艺，还能与她谈诗论画。小梅姑娘按照这些公子哥儿的要求，每将诗意溶入刺绣中。这班公子哥儿将小梅姑娘的刺绣带到全国各地，有的还带入京城中。

这些刺绣，由于精美绝伦，巧夺天工，活灵活现，竟引得远在河南圃田（现中牟县）的一个诗人诗兴大发，写出了"绣成安向春园里，引得黄莺下柳条"的佳句。

此诗几经辗转，传到小梅姑娘手中，她被诗人的才华深深打动，她想：能写出如此动人诗篇的，一定是个风流倜傥、气宇不凡的人，也一定是个对刺绣极其欣赏的人。那时恰有客商下河南，小梅姑娘带上自己的刺绣佳作，决定去会一会这位诗人，不让此生感到遗憾。

尽管路上千辛万苦，但小梅姑娘从没有产生过打道回府的念头。好不容易来到目的地，经打听，原来这个诗人并非如小梅姑娘心中所想的那样，是一个风流倜傥、气宇不凡的名人学士，而是一个修补锅碗盆缸的匠人，人称"胡钉铰"。他隐居圃田，且穷困潦倒，作诗不多，能让人记住的就只有四首。

当小梅姑娘见到这位诗人时，他已卧病在床，家里四壁空空，几句交谈，小梅姑娘不觉暗暗为这位颇有才气却时运不济的人叹息，她决定留下来照顾他的后半生。在外人面前，人们只知道"胡钉铰"家来了个远房妹子，对他关怀备至。其实人们哪里晓得，千里来寻，只为知音。她用带去的刺绣换了一些钱，逐渐在当地也有一些人来找她作刺绣。小梅姑娘并不满足于自己的手艺，虚心向当地人学习技艺，使她的绣花水平得到进一步提高。

胡去世后，小梅姑娘又回到了故乡。她大爱无疆、勇敢追求真爱的故事，也从河南传到了家乡。后来，在山野里，人们发现了一种花，心形的叶子，三角的花，开得最灿烂的时候，总是一大片一大片，或红，或紫，或粉，在阳光下闪烁着耀眼的光芒。人们相信这花是小梅姑娘的化身，"独傲红颜长不逝，春风来去总怀情"。

三角梅沉默不语。然而，它让我们看到了一份坚强与忠贞。真爱是纯白的给予，与世无争；真爱是无悔的倾情，平实坚定；真爱是送给自我的一丛鲜花,光彩夺目。

3. 诗歌欣赏

咏三角梅

(当代)文火

窗前三角梅,与谁在争辉?

红遍绿无几,仍恨枝不陪;

细雨丝丝坠,洗去一身灰,

朵朵更鲜艳,唯她最娇媚。

【功能应用】

1. 在园林绿化上的应用

三角梅苞片大,色彩鲜艳如花,且持续时间长,宜庭园种植或盆栽观赏,也可做盆景、绿篱及修剪造型。北方盆栽,置于门廊、庭院和厅堂入口处,十分醒目。在华南地区,可以覆盖花架、拱门或高墙,形成立体花卉,北方作为盆花主要用于冬季观花。

2. 在社交礼仪上的应用

三角梅可用来制作盆景,欧美等国常用三角梅做切花,如巴西妇女常用来插在头上做装饰,别具一格。

3. 在经济领域里的应用

三角梅有活血调经,化湿止带的功效,主治血瘀经闭、月经不调、赤白带下等症,将叶捣烂敷患处,有散淤消肿的效果。

2.24 三色堇

【身份信息】

名　称	三色堇(图24)
学　名	*Viola tricolor*
别　称	三色堇菜、蝴蝶花、人面花、猫脸花、阳蝶花、鬼脸花
科属名	堇菜科,堇菜属
分　布	原产欧洲北部,中国南方栽培普遍
备　注	波兰、冰岛等国国花

【鉴别特征】

1. 形态特征

三色堇为二年生或多年生草本,高10~40 cm,其地上茎较粗,直立或稍倾斜,有棱,单一或多分枝。基生叶叶片长卵形或披针形,具长柄;茎生叶叶片卵形、长圆状圆形或长圆状披针形,先端圆或钝,基部圆,边缘具稀疏的圆齿或钝锯齿,上部叶叶柄较长,下部则较短;托叶大型,叶状,羽状深裂,长1~4 cm。花大,直径约3.5~6 cm,每个茎上有3~10朵,通常每花有紫、白、黄三色;花梗稍粗,单生叶腋,上部具2枚对生的小苞片;小苞片极小,卵状三角形;萼片绿色,长圆状披针形,长1.2~2.2 cm,宽3~5 mm,先端尖,边缘狭膜质,基部附属物发达,长3~6 mm,边缘不整齐;上方花瓣深紫堇色,侧方及下方花瓣均为三色,有紫色条纹,侧方花瓣里面基部密被须毛,下方花瓣距较细,长5~8 mm;子房无毛,花柱短,基部明显膝曲,柱头膨大,呈球状,前方具较大的柱头孔。蒴果椭圆形,长8~12 mm,无毛。三色堇的花期在4~7月,果期在5~8月。

2. 生活习性

三色堇较耐寒,喜凉爽,在昼温15℃~25℃、夜温3℃~5℃的条件下发育良好,昼温若连续在30℃以上,则花芽消失,或不形成花瓣。其日照长短比光照强度对开花的影响大,日照不良,开花则不佳。三色堇喜肥沃、排水良好、富含有机质的中性壤土或粘壤土。

【精彩赏析】

1. 花言草语

三色堇语:白日梦,思慕,想念我。

红色三色堇:思虑,思念。

黄色三色堇:忧喜参半。

紫色三色堇:沉默不语,无条件的爱。

大型三色堇:束缚。

2. 传奇故事

很久很久以前,传说堇菜花是纯白色的,像天上的云。顽皮的爱神丘比特是个小顽童,他手上的弓箭具有爱情的魔力,射向谁,谁就会情不自禁地爱上他第一眼看见的人。可惜,爱神既顽皮,箭法又不准,所以人间的爱情故事常出错。这一天,爱神又找到一个倒霉鬼,准备拿他当箭靶。谁知一箭射出,忽然一阵风吹过来,这支箭竟然射中白堇菜花。白堇菜花的花心流出了鲜血与泪水,这血与泪干了之后再也抹不去了。从此白堇花变成了今日的三色堇。

3. 诗歌欣赏

三色堇

(现代)野性故我

今夜的风中

明月高高、高高的挂起

紫的三色堇

纯爱的心在维纳斯的嫉妒里

相互低语

当固执的我苦苦寻觅

天使却以沉默

告我以爱情的秘密

温柔的风只使人不见

落叶的距离

却让人肩起

百年的光阴

呵,我的

三色堇的哭泣

即有透澈的云彩

也只悠悠的游啊

在这个爱恨纠缠的夜晚

维纳斯宣告

我的爱情

盈洁、并且错乱

【功能应用】

1. 在园林绿化上的应用

三色堇是布置春季花坛的主要花卉之一,因为适应性强、耐粗放型管理,可以盆栽供人们欣赏。

2. 在社交礼仪上的应用

三色堇是西方人代表想念的花。

3. 在经济领域里的应用

三色堇全草可以用作药物,茎叶含三色堇素,主治咳嗽、去疮除疤、疮疡消肿。

2.25 石 榴

【身份信息】

名 称	石榴(图25)
学 名	*Punica granatum*
别 称	安石榴、海石榴、若榴木、丹若、山力叶
科属名	石榴科,石榴属
分 布	原产于伊朗、阿富汗等国家,现亚洲、非洲、欧洲沿地中海各地都有种植
备 注	西班牙国花,合肥、西安、黄石、荆门、新乡、十堰等市市花

【鉴别特征】

1. 形态特征

石榴为落叶灌木或小乔木,株高2~5m,高达7m。树干灰褐色,树皮有片状剥落,嫩枝黄绿光滑,常呈四棱形,枝端多为刺状,无顶芽。单叶对生或簇生,矩圆形或倒卵形,长2~8cm,全缘,叶面光滑,短柄,新叶嫩绿或古铜色。花1朵至数朵生于枝顶或叶腋,花萼钟形,肉质,先端6裂,表面光滑具蜡质,橙红色,宿存。花瓣5~7枚,红色或白色,单瓣或重瓣。浆果球形,黄红色。

2. 生活习性

石榴喜阳光充足和干燥环境,耐寒,耐干旱,不耐水涝,不耐阴,对土壤要求不严,以肥沃、疏松有营养的沙壤土最好。

【精彩赏析】

1. 花言草语

成熟的美丽,富贵,多福多寿,子孙满堂,兴盛红火,生机盎然。

2. 传奇故事

汉武帝时候,张骞出使西域,住在安石国的宾馆里,宾馆门口一株花红似火的小树,张骞非常喜爱,但从没见过,不知道是什么树,园丁告诉他是石榴树,张骞一有空闲就站在石榴树旁欣赏石榴花。后来,天旱了,石榴树花叶日渐枯萎,于是张骞就担水浇那棵石榴树。石榴树在张骞的浇灌下,叶也返绿了,花也伸展了。

张骞在安石国办完公事,就要回国的那天夜里,正在屋里画通往西域的地图。忽见一个红衣绿裙的女子推门而入,飘飘然来到跟前,施了礼说:"听说您明天就要回国了,奴愿跟您同去中原。"张骞大吃一惊,心想准是安石国哪位使女要跟他逃走,身在异国,又身为汉使,怎可惹此是非,于是正颜厉色说:"夜半私入,口出不逊,出去出去,快些出去!"

那女子见张骞撵她,怯生生地走了。

第二天,张骞回国时,安石国赠金他不要,赠银他不收,单要宾馆门口那棵石榴树。他说:"我们中原什么都有,就是没有石榴树,我想把宾馆门口那棵石榴树起回去,移植中原,也好做个纪念。"安石国国王答应了张骞的请求,就派人起出了那棵石榴树,同满朝文武百官给张骞送行。

张骞一行人在回来的路上,不幸被匈奴人拦截,当杀出重围时,却把那棵石榴树失落了。人马回到长安,汉武帝率领百官出城迎接。正在此时,忽听后边有一女子在喊:"天朝使臣,叫俺赶得好苦啊!"张骞回头看时,正是在安石国宾馆里见到的那个女子,只见她披头散发,气喘吁吁,白玉般的脸蛋上挂着两行泪水。张骞一阵惊异,忙说道:"你为何不在安石国,要千里迢迢来追我?"那女子垂泪说道:"路途被劫,奴不愿离弃天使,就一路追来,以报昔日浇灌活命之恩。"她说罢扑地跪下,立刻不见了。就在她跪下去的地方,出现了一棵石榴树,叶绿欲滴,花红似火。汉武帝和众百官一见无不惊奇,张骞这才明白了是怎么回事,就给武帝讲述了在安石国浇灌石榴树的前情。汉武帝一听,非常喜悦,忙命武士刨出,移植御花园中。从此,中原就有了石榴树。

3. 诗歌欣赏

西园石榴开

(宋)欧阳修

荒台野径共跻攀,正见榴花出短垣。

绿叶晚莺啼处密,红房初日照时繁。

最怜夏景铺珍簟,尤爱晴香入睡轩。

乖兴便当携酒去,不须旌骑拥车辕。

【功能应用】

1. 在园林绿化上的应用

石榴树姿优美,枝叶秀丽,初春嫩叶抽绿,婀娜多姿;盛夏繁花似锦,色彩鲜艳;秋季累果悬挂。石榴可孤植或丛植于庭院、游园之角,对植于门庭的出口,列植于小道溪旁、坡地、建筑物之旁。

2. 在社交礼仪上的应用

石榴可盆栽做成各种桩景,也可切花瓶插观赏或赠予亲朋好友作为生日贺礼,祝福"榴开百子,人丁兴旺"。

3. 在经济领域里的应用

石榴的花、果、果皮、根均可供药用。花味酸,有清热止血的功效,主治吐血、衄血,外用适量治中耳炎;果实酸甜味美,性温,有润肠止泻、止血、驱虫的功效,主治虚寒久泻、肠炎、痢疾、便血、脱肛、血崩、绦虫病、蛔虫病;叶对痢疾杆菌、伤寒杆菌、大肠杆菌、结核杆菌有抑制作用,主治急性肠炎等;根(包括根皮)含异石榴碱、甘露醇、有机酸等,对大肠杆菌、金黄色葡萄球菌、绿脓杆菌及多种致病真菌都有抑制作用。

2.26　矢车菊

【身份信息】

名　称	矢车菊(图26)
学　名	*Centaurea cyanus*
别　称	蓝芙蓉、翠兰、荔枝菊
科属名	菊科,矢车菊属
分　布	欧洲、北美等,我国新疆、青海、甘肃、陕西、河北、山东、江苏、湖北、广东等地均有栽培
备　注	德国、马其顿等国花

【鉴别特征】

1. 形态特征

矢车菊为一年生或二年生草本,高 30~70cm 或更高,直立,自中部分枝,极少不分枝。茎枝灰白色,被薄蛛丝状卷毛。基生叶及下部茎叶长椭圆状倒披针形或披针形,不分裂,边缘全缘无锯齿或边缘疏锯齿至大头羽状分裂,侧裂片 1~3 对,长椭圆状披针形、线状披针形或线形,边缘全缘无锯齿,顶裂片较大,长椭圆状倒披针形或披针形,边缘有小锯齿。中部茎叶线形、宽线形或线状披针形,长 4~9cm,宽 4~8mm,顶端渐尖,基部楔状,无叶柄边缘全缘无锯齿,上部茎叶与中部茎叶同形,但渐小。茎叶两面异色或近异色,上面绿色或灰绿色,被稀疏蛛丝毛或脱毛,下面灰白色,被薄绒毛。头状花序多数或少数在茎枝顶端排成伞房花序或圆锥花序。总苞椭圆状,直径 1~1.5cm,有稀疏蛛丝毛。总苞片约 7 层,总苞片由外向内椭圆形、长椭圆形,外层与中层包括顶端附属物长 3~6mm,宽 2~4mm,内层包括顶端附属物长 1~11cm,宽 3~4mm。苞片顶端有浅褐色或白色的附属物,中外层的附属物较大,内层的附属物较小,边缘有流苏状锯齿。边花增大,超长于中央盘花,蓝色、白色、红色或紫色,檐部 5~8 裂,盘花浅蓝色或红色。瘦果椭圆形,长 3mm,宽 1.5mm,有细条纹,被稀疏的白色柔毛。冠毛白色或浅土红色,2 列,外列多层,向内层渐长,长达 3mm,内列 1 层,极短。花果期为 2~8 月。

2. 生活习性

矢车菊适应性较强,喜欢阳光充足,不耐阴湿,须栽在阳光充足、排水良好的地方,否则常因阴湿而导致死亡;较耐寒,喜冷凉,忌炎热;喜肥沃、疏松和排水良好的沙质土壤。

【精彩赏析】

1. 花言草语

纤细、优雅。

2. 传奇故事

普鲁士皇帝威廉一世的母亲路易斯王后,在一次内战中被迫离开柏林。逃难途中,车子坏了,她和两个孩子停在路边等待之时,发现路边盛开着蓝色的矢车菊,她就用这种花编成花环,戴在九岁的威廉胸前。后来,威廉一世加冕成了德意志皇帝,仍然十分喜爱矢车菊,认为它是吉祥之花。

3. 诗歌欣赏

矢车菊

(当代)韩宗宝

山坡上　有一大片矢车菊

那么寂静　它们是蓝的

但是它们蓝得　有些太过分了

那些美丽的花开成了

无边无际的一片

矢车菊　矢车菊

蓝色的矢车菊　它们在燃烧

一个少年　在这蓝色的火里迷了路

他把这个山坡的颜色

错当成了　天空的颜色

【功能应用】

1. 在园林绿化上的应用

矢车菊高型种挺拔,花梗长,适于做切花,也可作花坛、花径材料;矮型种仅高20cm,可用于花坛、草地镶边或盆花观赏。值得一提的是,矢车菊如用于环境美化造景可以大片丛植。

2. 在社交礼仪上的应用

矢车菊可以盆栽观赏,也可做切花,用于插花可表达珍惜彼此难得的机遇和幸福。

3. 在经济领域里的应用

矢车菊能养颜美容、放松心情、帮助消化、使小便顺畅。矢车菊纯露是很温和的天然皮肤清洁剂,花水可用来保养头发与滋润肌肤。药用可帮助消化,舒缓风湿疼痛,有助于治疗胃痛、胃炎、胃肠不适、支气管炎等。

2.27 睡 莲

【身份信息】

名　称	睡莲(图27)
学　名	*NympHaea tetragona*
别　称	子午莲、水芹花、瑞莲、水洋花、小莲花
科属名	睡莲科,睡莲属
分　布	原产北非和东南亚热带地区,中国各省区均有栽培
备　注	孟加拉、埃及等国国花

【鉴别特征】

1. 形态特征

睡莲为多年生水生花卉,根状茎,粗短。叶丛生,具细长叶柄,浮于水面,纸质或近革质,近圆形或卵状椭圆形,直径6~11cm,全缘,无毛,上面浓绿,幼叶有褐色斑纹,下面暗紫色。花单生于细长的花柄顶端,多白色,漂浮于水面,直径3~6cm。萼片4枚,宽披针形或窄卵形。聚合果球形,内含多数椭圆形黑色小坚果。长江流域花期为5月中旬至9月,果期为7~10月。浆果球形,为宿存的萼片包裹。种子呈黑色。睡莲因其花色艳丽,花姿楚楚动人,在一池碧水中宛如冰肌脱俗的少女,而被人们赞誉为"水中女神"。

2. 生活习性

睡莲喜强光,通风良好。在岸边有树荫的池塘,虽能开花,但生长较弱。睡莲对土质要求不严,pH值6~8,均生长正常,但喜富含有机质的壤土。生长季节池水深度以不超过80cm为宜。睡莲一般在3~4月萌发长叶,5~8月陆续开花,每朵花开2~5d,日间开放,晚间闭合;花后结实,10~11月茎叶枯萎,翌年春季又重新萌发。

【精彩赏析】

1. 花言草语

洁净、纯真、水晶般的心,神圣。

2. 传奇故事

从前,有一位姑娘住在一个偏僻的山村里,那里有一条河围绕着村子。有一天,那条河枯竭了。为了家人,姑娘整天四处奔波,只为找到少得可怜的水。

在一个有雾的早晨,她一个人沿着河走着,心里满是忧愁。突然,一个声音清清楚楚传入她的耳朵:你的眼睛真美。她回头的刹那,就见河里淤泥中有一条鱼看着她。那是一条美丽的鱼,他身上的鳞片就像天空那么蓝,他有一双温柔的眸子,他的声音也是那么清澈透明。

鱼对姑娘说,如果姑娘愿意常常来看他,让他看见她的眼睛,他就可以给她一罐水。于是,姑娘每天早晨都会和鱼相会,鱼也履行着他的承诺。每一天,家人总会不停地追问水的来历,但姑娘只是笑而不答。

他们虽隔水相视,但一种心境却可相通。过了许久,姑娘发现自己爱上了鱼。最后,鱼对姑娘说:希望她做他的妻子。鱼从河里出来,到岸上拥抱了姑娘。他们就这样结为夫妻。

终于,有一天村子里的人看到了他们相会的情景。他们认为鱼对姑娘使用了妖法。于是,他们把姑娘关起来,拿着刀叉、长枪来到河边。叫出鱼,用他的妻子威胁他。在他现身的那一刻,他们下手了。鱼在绝望中死去。然后,人们抬着鱼的尸体凯旋。他们把鱼的尸体抛到姑娘的脚下,希望她会醒过来,可那只换来她的心碎。

她抱起已经冰冷的鱼,向小河走去。他们在人们诧异猜忌的目光中死去了,但他们的子女却在水中世代繁衍,那就是今天的睡莲。

3. 诗歌欣赏

爱莲说

(宋)周敦颐

水陆草木之花,可爱者甚蕃。晋陶渊明独爱菊。自李唐来,世人盛爱牡丹。予独爱莲之出淤泥而不染,濯清涟而不妖,中通外直,不蔓不枝,香远益清,亭亭净植,可远观而不可亵玩焉。

予谓菊,花之隐逸者也;牡丹,花之富贵者也;莲,花之君子者也。噫! 菊之爱,陶后鲜有闻。莲之爱,同予者何人? 牡丹之爱,宜乎众矣。

【功能应用】

1. 在园林绿化上的应用

睡莲在园林中运用很早,2000年前,中国汉代的私家园林中就曾出现过它的身影,如博陆侯霍光园中的五色睡莲池。16世纪,意大利就把它作为水景主题材料。由于睡莲根能吸收水中的汞、铅、苯酚等有毒物质,还能过滤水中的微生物,是难得的水体净化的植物材料,所以在城市水体净化、绿化、美化建设中备受重视。

2. 在社交礼仪上的应用

睡莲中的微型品种,可用于布置居室,将其栽在考究的小盆中,配以精致典雅的盆架,置于恰当的位置。这株小生命,碧油油的叶子,娇滴滴的花蕾,若隐若现的幽香,在室内灯光的沐浴下,与室内的其他装饰相映成趣,使人赏心悦目。此外,睡莲中的部分品种是良好的切花。

3. 在经济领域里的应用

睡莲根茎富含淀粉,可食用或酿酒;入药,做强壮剂、收敛剂,可用于治疗肾炎等病。

2.28　素馨花

【身份信息】

名　称	素馨花(图28)
学　名	*Jasminum grandiflorum*
别　称	素英、耶悉茗花、野悉蜜、玉芙蓉、素馨针
科属名	木犀科,素馨属
分　布	中国、越南、缅甸、斯里兰卡和印度
备　注	巴基斯坦国花

【鉴别特征】

1. 形态特征

素馨为攀援灌木,高2~4m,其小枝圆柱形,具棱或沟。叶对生,羽状深裂或具5~9小叶;叶轴常具窄翼,叶柄长0.5~4cm;小叶片卵形或长卵形,顶生小叶片常为窄菱形,长0.7~3.8cm,宽0.5~1.5cm,先端急尖、渐尖、钝或圆,有时具短尖头,基部楔形、钝或圆。聚伞花序顶生或腋生,有花2~9朵;花序梗长0~3cm;苞片线形,长2~3mm;花梗长0.5~2.5cm,花序中间的梗明显短于周围的梗;花芳香;花萼无毛,裂片锥状线形,长5~10mm;花冠白色,高脚碟状,花冠管长1.3~2.5cm,裂片多为5枚,长圆形,长1.3~2.2cm,宽0.8~1.4cm;花期在8~10月。

2. 生活习性

素馨喜温暖、湿润的气候和充足的阳光,宜种植在腐殖丰富的沙壤土里;繁殖以压条法为主。

【精彩赏析】

1. 花言草语

白素馨:和蔼可亲。

黄素馨:优美、文雅。

2. 传奇故事

广州人以素馨做灯饰,传说始于汉代。素馨花原名耶悉茗,相传是汉朝陆贾从西域带来的,南越王赵佗本是北方人,因思念故乡,便把此花带来广州种植。五代时,广州有了南汉王朝,相传当时广州海珠区庄头村有个叫素馨的种花姑娘,长得非常漂亮,她从小偏爱耶悉茗,不仅她家的花田里种的全是耶悉茗,她的房间里也挂着此花串成的花灯,她还用绿丝线把花串成串,戴在颈上。当时正值南汉王登基,广招天下美女3 000人,素馨姑娘被选入宫中,深得皇帝喜爱。皇帝为投素馨所好,下令皇家花园都种上耶悉茗,而3 000宫女也都要佩戴此花。每天早上宫女们起床梳洗的时候,花飘落水,积满了下游的湖泊,这便是广州最早的流花湖。

后来素馨在宫中老死,皇帝很怀念她,在埋葬她的花园中种满了耶悉茗花。南汉王朝结束后,庄头村的村民们将素馨的尸骨迎回来埋葬,三天之后,人们惊奇地发现素馨的坟头长满了一簇簇洁白的耶悉茗,为了纪念素馨姑娘,人们将耶悉茗改为素馨花。

3. 诗歌欣赏

第一次手捧素馨花

(印度)泰戈尔

我依旧记得,第一次我的手里捧着一束素馨花,她们是白色的,是那种纯洁无瑕的白色。

我喜欢太阳洒下的温暖的光,喜欢碧蓝碧蓝的天空和翁翁郁郁的大地。我听见夜里溪水涌动的声音。

夕阳,褪去它最后一丝耀眼的光芒,就在田野的尽头,小路的尽头,等待着我,就像慈祥的母亲,等待她晚归的孩子。

现在,每当我回忆起我很小的时候,第一次手捧素馨花的时候,那种滋味仍然是甜甜的。

从小到大,我的手里积攒了无数幸福难忘的日子。我与我的家人和最亲密的朋友们一同分享了那些最愉快的日子。

在秋雨绵绵的早晨,我眼望着窗外,反复吟诵了好多自己一直喜爱的诗。

我的脖子上挂着我的爱人亲手为我编制的花环,可是一回忆起第一次手捧素馨花的时候,那感觉依旧是如此的清晰和幸福。

【功能应用】

1. 在园林绿化上的应用

素馨适于庭院、公路、公园等地方的绿化,可群植或片植形成大面积的景观,亦可孤植在庭院内观赏。

2. 在社交礼仪上的应用

素馨株形优美、枝叶青绿、雪白的花朵给人以和蔼可亲之感。常作大中型盆栽,陈设于客厅的几架、台面等处;或剪切花枝制作成花束、花篮等,用于家居装饰或赠送,以营造温馨和谐氛围。

3. 在经济领域里的应用

素馨的花蕾,又称耶悉茗花、素馨针、大茉莉。夏、秋晴天早晨采摘花蕾,隔水蒸约20min,晒干备用,亦可用鲜品,用于治疗肝郁气滞、胁肋胀痛、脾胃气滞、脘腹胀痛、泻痢腹痛。

2.29　万代兰

【身份信息】

名　称	万代兰（图29）
学　名	*Vanda*
别　称	桑德万代、胡姬花
科属名	兰科，万代兰属
分　布	中国、印度、马来西亚
备　注	新加坡国花

【鉴别特征】

1. 形态特征

万代兰的植株直立向上，无假球茎，叶片互生于单茎的两边，有如人体前胸的一副肋骨，有些长茎的品种可分枝或攀缘。万代兰叶片呈现带状，肉多质硬，中脉凹下如沟，呈"V"字形，能耐强光和干旱而不容易枯萎。万代兰的气生根又粗又长，有的好像筷子，从茎上的叶间抽出，凡是生长旺盛的植株，其白根越多，一把一把的垂吊下来，其开花也越繁盛。

2. 生活习性

万代兰怕冷不怕热，怕涝不怕旱。泰国许多花场对种植万代兰都非常粗放，他们常用木条钉成一个个四方形的小框，里面放入几粒木炭、碎砖或椰衣，就可以延续生长，甚至有的只用一条尼龙绳子把它的植株吊缚起来，挂在兰棚或树下，经常给它洒水和喷肥亦能长叶开花。

【精彩赏析】

1. 花言草语

有个性、卓越锦绣、万代不朽。

2. 传奇故事

以"戴安娜王妃"命名的胡姬花，花瓣洁白，淡雅恬静，寓情于花，使人不禁想起香魂已逝的丽人；"撒切尔夫人"之花，花瓣卷曲、细长，从中似乎可以看出"铁娘子"那刚毅、硬朗的神情。

成龙是第一个享有胡姬花命名荣誉的华人明星,以他名字命名的胡姬花正面看起来像一条龙,花瓣恰似"龙"鼻,以成龙命名非常贴切。这个品种于1994年7月开始培育,2001年8月第一次开花。

来新加坡访问的韩国胡姬花1996年12月第一次播种,2001年6月正式开花。这株权相宇花呈淡紫色,花瓣娇嫩而优雅,隐隐透露着"眼泪王子"的淡淡忧郁。

【功能应用】

1. 在园林绿化上的应用

万代兰作为盆栽可用15cm长的小木条钉成方形浅木框,把植株固定在框中,根系很快就牢扎在木条上。万代兰的根长且粗,尾端含有叶绿素,可行光合作用,悬挂空中的花、叶、根同样都有观赏价值。

2. 在社交礼仪上的应用

万代兰的生命力很强,花期较长,又耐储运,故多数生产者以切花为主,盆栽为辅。用于社交礼仪,表达对爱花者个性的赞扬和美好祝愿。

3. 在经济领域里的应用

自20个世纪中叶以来,万代兰开始在世界各地流行,只要是较为温暖的地区,都可以见到她们的踪影。新加坡人还将新鲜的胡姬花放入电解铜溶液里,制成镀金或镀银的饰品,作为旅游纪念品,具有较高的经济价值。

2.30　仙客来

【身份信息】

名　称	仙客来(图30)
学　名	*Cyclamon persicum*
别　称	萝卜海棠、兔耳花、兔子花、一品冠
科属名	报春花科,仙客来属
分　布	原产希腊、叙利亚等地,现广为栽培
备　注	圣马力诺国花,青州市市花

【鉴别特征】

1. 形态特征

仙客来为多年生草本植物,块茎呈扁圆球形或球形。叶片由块茎顶部生出,心形、卵形或肾形,叶缘有细锯齿,叶面绿色,具有白色或灰色晕斑,叶背绿色或暗红色,叶柄较长,红褐色,肉质。花单生于花茎顶部,花朵下垂,花瓣向上反卷,犹如兔耳;花有白、粉、玫红、大红、紫红、雪青等色,基部常具深红色斑;花瓣边缘多样,有全缘、缺刻、皱褶和波浪等形。

2. 生活习性

仙客来喜凉爽、湿润及阳光充足的环境。生长和花芽分化的适温为15℃~20℃,湿度70%~75%;冬季花期温度不得低于10℃,若温度过低,则花色暗淡,易凋落;夏季温度若达到28℃~30℃,则植株休眠,若达到35℃以上,则块茎易于腐烂。幼苗较老株耐热性稍强。仙客来为中日照植物,生长季节的适宜光照强度为28 000lx,低于1 500lx或高于45 000lx,则光合强度明显下降。仙客来要求疏松、肥沃、富含腐殖质,排水良好的微酸性沙壤土。花期在10月至翌年4月。

【精彩赏析】

1. 花言草语

喜迎贵客、好客。

2. 传奇故事

传说嫦娥身在月宫,心却在人间,她常呆坐桂花树下,望远人间,思念亲人。一天,她实在敌不过相思之苦,便偷偷带着相依为命的玉兔来到人间,看望夫君后羿。久别相聚,两情相依,嫦娥与后羿沉醉在互诉衷肠中。灵性的玉兔不忍打扰这对苦命的夫妻难得的相聚,自个儿到花园中与老园丁嬉戏去了。玉兔与老园丁性情相投,相处时间虽不长,却结下了深厚的友谊,无奈天色渐明,不得不分手了,嫦娥与后羿泪水涟涟,玉兔与老园丁也难舍难分。泪眼彤红的玉兔从耳朵里取出一粒种子,送给老园丁作纪念。

嫦娥与玉兔离去后,后羿与老园丁将这粒种子种在花园里,日日浇水,夜夜施肥,日复一日,把对嫦娥与玉兔的思念全倾注在这粒种子上。功夫不负苦心人,这粒种子终于发出了芽,长成了苗,开出了一朵朵像小兔子头似的花。这花儿翘首望月,实在是怜煞人,爱煞人。因此,人们把这花叫兔儿花,即仙客来。

3. 诗歌欣赏

仙客来

(当代)高冠华

羞红侧掩头,琵音半遮面。

抑扬真挚处,临空欲飞天。

问君思何意,君笑未曾知。

且望九万里,繁城树荫居。

尉尉海风送,娇柔及时雨。

心小泌天外,玉女妒且忌。

今嫁龙乡客,惜花不爱心。

紫凝粉红醉,肌秀香已泯。

天上人间客,奇葩雨打萍。

未知期何待,还我香缕衣。

感君肺腑语,江州司马情。

同征漫漫路,漂零月夜心。

帆影惊恶浪,长空划雁痕。

放飞天涯梦,千里走单骑。

青刀乾坤舞,金铗慑苍龙。

飞鸿锦书到,京娘归故里。

蔚蓝地中海,奇香夺人意。

琼楼飞工檐,遥遥泪如雨。

【功能应用】

1. 在园林绿化上的应用

仙客来对空气中的有毒气体如二氧化硫有较强的抵抗能力,能通过氧化作用将其转化为无毒或低毒的硫酸盐。因此,可在工厂内外地栽、盆栽摆放,既美化环境,又净化空气。

2. 在社交礼仪上的应用

仙客来可做盆栽观赏,置于室内布置,尤其适宜点缀有阳光的几架、书桌。仙客来还可作切花、水养持久，能给人们带来无尽的喜悦和祥瑞。

3. 在经济领域里的应用

仙客来的球茎具有毒性，可被用做强力的泻药，但是使用需谨慎，误食可能导致腹泻、呕吐，接触皮肤可能会引起红肿瘙痒。

仙客来是冬春名贵盆花，花期长达5个月之久，适逢圣诞节、元旦、春节，市场需求量巨大，观赏价值高，经济效益显著。

2.31 仙人掌

【身份信息】

名　称	仙人掌(图31)
学　名	*Opuntia stricta*
别　称	仙巴掌、霸王树、火焰、火掌、牛舌头
科属名	仙人掌科，仙人掌属
分　布	原产美洲，中国南方及东南亚等热带、亚热带的干旱地区也有分布
备　注	墨西哥国花

【鉴别特征】

1. 形态特征

由于沙漠干旱缺水，仙人掌的叶子演化成短短的小刺，以减少水分蒸发，亦能作为阻止动物吞食的武器。其茎演化为肥厚含水的掌状，具有刺座。刺座具代谢活性，可长出针状叶，并可生出另一器官，如茎或果实。它的根与茎是不同的，其根是非肉质的。根群分布浅（15~30cm），即使是树状仙人掌其根群主要分布在地面下30cm以内，此外某些生长于恶地的仙人掌具有肥厚的储藏根。

2. 生活习性

仙人掌喜干燥环境，冬季室温白天要保持在20℃以上，夜间温度不低于10℃，温度过低容易造成根系腐烂，但温度过高，又易发生介壳虫危害；要求阳光充足，但在夏季不能强光暴晒，需要适当遮挡；宜于排水良好的砂壤土生长，室内栽培多选用人工培养土，通常用草炭土和细沙各半混合配制，也可用粉碎后的松针加入细沙，混合配制的培养土栽植。

【精彩赏析】

1. 花言草语
坚强,将爱情进行到底。

2. 传奇故事
仙人掌曾是三角洲上最美丽的花,拥有五彩的花瓣,坚实的茎,绿油油的叶子。它是花世界里的王子,每一个臣民都非常羡慕它,所有的花都非常喜欢它。有一天,它在晒太阳的时候突然看到一株纯黑色的小花,她静静的生长着,但脸上满是不安。仙人掌便过去问她怎么了,原来她在抱怨自己长得太难看了。可是仙人掌觉得她并不难看,于是它每天来找她玩,时间长了,它居然爱上了她。后来,它决定帮她。它用尽了自己所有法术,耗光了自己的力量,居然把她变白了!她成了轻盈柔美的小白花!可是仙人掌却失去了耀眼的光辉。它为了她,变得特别的难看。但有一天,小白花对他说:"你太难看了,我要离开你了。"仙人掌说:"求你了,别走,我为了你……"但是只是一阵风,小白花就飞走了。仙人掌伤透了心,最终他只好独自一人逆着风的方向走向了无垠的沙漠。

3. 诗歌欣赏

仙人掌

(当代)舒婷

巴勒莫的巨石

都被火热的吻

烤成疏松的面包了

也想这样烤烤你,你却

长成绿色丛林般的仙人掌

不顾一切阻挡

我向你伸过手去

你果实上的毛刺扎满了我的十指

只要你为我

心疼一次

仙人掌仙人掌

既然你的果实不是因我而红

为何含笑拦在我的路上

【功能应用】

1. 在园林绿化上的应用

仙人掌株形优美,花朵艳丽,耐干旱,不畏贫瘠,可用于干旱缺水荒地的绿化,也可栽植岩石园。

2. 在社交礼仪上的应用

仙人掌晚上呼吸时,吸入二氧化碳,释放出氧气,能净化室内空气,故为夜间摆设室内的理想花卉,同时它还是吸附灰尘的高手。仙人掌盆栽送给情人,表示将爱情进行到底。

3. 在经济领域里的应用

仙人掌可清热解毒、散瘀消肿、健胃止痛、镇咳,用于治疗胃及十二指肠溃疡、急性痢疾、咳嗽等病症;外用治流行性腮腺炎、乳腺炎、痈疖肿毒、蛇咬伤、烧烫伤有特效。但是,其刺内含有毒汁,人体被刺后,易引起皮肤红肿疼痛、瘙痒等过敏症状。

食用仙人掌的营养十分丰富,它含有大量的维生素和矿物质,具有降血糖、降血脂、降血压的功效。仙人掌的嫩茎可以当做蔬菜食用,果实则是一种口感清甜的水果,老茎还可加工成具有除血脂、降胆固醇等作用的保健品、药品。仙人掌具有良好的抗氧化作用,可消除自由基,延缓衰老,还具有防辐射的功效。

2.32　向日葵

【身份信息】

名　称	向日葵(图32)
学　名	*Helianthus annuus*
别　称	朝阳花、转日莲、向阳花、望日莲
科属名	菊科,向日葵属
分　布	原产北美洲,世界各地均有栽培
备　注	俄罗斯、秘鲁等国国花

【鉴别特征】

1. 形态特征

向日葵为一年生草本,高 1.1~3.5m,其杂交品种也有 0.5m 高的植株。茎直立,粗壮,圆形多棱角,被白色粗硬毛。叶通常互生,心状卵形或卵圆形,先端锐突或渐尖,有基出 3 脉,边缘具粗锯齿,两面粗糙,被毛,有长柄。头状花序,极大,直径 10~30cm,单生于茎顶或枝端,常下倾。总苞片多层,叶质,覆瓦状排列,被长硬毛,夏季开花,花序边缘生黄色的舌状花,不结实。花序中部为两性的管状花,棕色或紫色,结实。瘦果,倒卵形或卵状长圆形,稍扁平,果皮木质化,灰色或黑色,俗称葵花籽。

2. 生活习性

向日葵性喜阳光温暖,耐旱耐寒,耐贫瘠,耐盐碱,属短日照植物,对日照反应不敏感。向日葵生长相当迅速,通常种植约两个月即可开花,其花型有单瓣、重瓣或单花、多花之分,花期相当长久,可达两周以上。

【精彩赏析】

1. 花言草语

沉默的爱,爱慕,忠诚。

2. 传奇故事

克丽泰是一位水泽仙女。一天,她在树林里遇见了正在狩猎的太阳神阿波罗,深深为这位俊美的神所着迷,疯狂地爱上了他。可是,阿波罗连正眼也不瞧她 下就走了。克丽泰热切地盼望有一天阿波罗能对她说话,但她却再也没有遇见过他。于是,她只能每天注视着天空,看着阿波罗驾着金碧辉煌的日车划过天空。她目不转睛地注视着阿波罗的行程,直到他下山。每天她就这样呆坐着,头发散乱,面容憔悴。后来,众神怜悯她,把她变成一大朵金黄色的向日葵。她的脸儿变成了花盘,永远向着太阳,每日追随阿波罗,向他诉说她永远不变的恋情和爱慕。因此,向日葵的花语就是——沉默的爱。

3. 诗歌欣赏

客中初夏

(宋)司马光

四月清和雨乍晴,南山当户转分明。

更无柳絮因风起,唯有葵花向日倾。

【功能应用】

1. 在园林绿化上的应用

向日葵外形酷似太阳,其花朵明亮大方,适合园林造景,布置花坛、花境、花带等。

2. 在社交礼仪上的应用

向日葵象征阳刚、光明和爱慕。近年来,金黄色、茎秆挺直的小花向日葵在插花作品中逐渐被应用,借此营造火热的气氛,表达炽热的爱意。

3. 在经济领域里的应用

向日葵全身是药,其种子、花盘、茎叶、茎髓、根、花等均可入药,具有平肝祛风、清湿热、消滞气的功效。种子油可作软膏的基础药,茎髓为利尿消炎剂,叶与花瓣可作苦味健胃剂,果盘(花托)有降血压作用。

葵花籽含有磷脂等,有良好的降脂作用,对急性高脂血症及慢性高胆固醇血症有预防作用。葵花籽中的油剂,特别是亚油酸部分,能抑制血栓形成。此外,葵花籽及油还有润肤泽毛之效。

2.33 薰衣草

【身份信息】

名　称	薰衣草(图33)
学　名	*lavandula angustifolia*
别　称	香水植物、灵香草、香草、黄香草
科属名	唇形科,薰衣草属
分　布	原产于地中海沿岸、欧洲各地及大洋洲列岛,现各地均有栽培
备　注	葡萄牙国花

【鉴别特征】

1. 形态特征

薰衣草为多年生草本或小矮灌木,丛生,多分枝,常见的为直立生长,株高依品种有30~40cm、45~90cm,在海拔相当高的山区,单株能长到1m。叶互生,椭圆形披尖叶,或较大的针形,叶缘反卷。穗状花序顶生,长15~25cm;花冠下部筒状,上部唇形,上唇2裂,下唇3裂;花长约1.2cm,有蓝、深紫、粉红、白等色,常见的为紫蓝色,花期在6~8月。全株略带木头甜味的清淡香气,花、叶和茎上的绒毛均藏有油腺,轻轻碰触,油腺即破裂而释出香味。

2. 生活习性

薰衣草品种粗放,易栽培,喜阳光、耐热、耐旱、极耐寒、耐瘠薄、抗盐碱,栽培的场所需日照充足,通风良好。

【精彩赏析】

1. 花言草语

等待爱情。

2. 传奇故事

话说普罗旺斯的村里有个少女,一个人独自在寒冷的山中采着含苞待放的花朵,但是却遇到了一位来自远方且受伤的旅人。少女一看到这位青年,整颗心便被他的笑容给俘虏了!于是少女便将他请到家中,不管家人的反对,坚持要照顾他直到痊愈。几天后,青年旅人的伤已经康复,但两人的恋情却急速蔓延,已经到了难分难舍的地步。

不久,青年旅人向少女告别,而正处于热恋中的少女却坚持要随青年离去。虽然亲人们极力挽留,但她还是坚持要和青年一起到开满玫瑰花的故乡!就在少女临走的前一刻,村子里的老太太给了她一束薰衣草,要她用这束薰衣草来试探青年人的真心,因为传说薰衣草的香气能让不洁之物现形。正当青年牵起她的手准备远行时,少女便将藏在大衣里的薰衣草丢掷在青年的身上,没想到,青年的身上发出一阵紫色的轻烟之后,就随着风消散了!而少女在山谷中还仿佛隐隐的听到青年爽朗的笑声。没过多久,少女竟也不见踪影,有人认为她和青年一样幻化成轻烟消失在山谷中,也有人说,她循着薰衣草花香去寻找那青年了……

【功能应用】

1. 在园林绿化上的应用

薰衣草叶形、花色优美典雅,蓝紫色花序修长秀丽,是园林绿化中常用的多年生耐寒花卉,适宜花径丛植或条植,也可盆栽观赏。

2. 在社交礼仪上的应用

在薰衣草的故乡——法国小镇普罗旺斯,成片种植的薰衣草,仿佛是在用心来等待爱情,带有浓郁的法国风情。在婚礼上,抛洒薰衣草小花,可以为一对新人带来幸福美满的婚姻。

3. 在经济领域里的应用

薰衣草被称为"香草皇后",是重要的香精原料。全株均具芳香,植株晾干后香气不变,可作香包,其香气能醒脑明目,使人舒适,还能驱除蚊蝇。放几棵干草在衣柜、书柜里,能驱虫防蛀,香味长年不散。薰衣草可作药用,有"芳香药草"之美誉,适合任何皮肤,促进细胞再生、加速伤口愈合,改善粉刺、脓肿、湿疹,平衡皮脂分泌,对烧烫灼晒有奇效,可抑制细菌、减少疤痕。此外,薰衣草还是良好的蜜源植物。

2.34 雁来红

【身份信息】

名　称	雁来红(图34)
学　名	*Amaranthus tricolor*
别　称	老来少、三色苋、叶鸡冠、老来娇、老少年、向阳红
科属名	苋科,苋属
分　布	亚洲南部、中亚等地,我国各地均有栽培
备　注	葡萄牙国花

【鉴别特征】

1. 形态特征

雁来红为一年生草本植物,株高60~100cm,茎直立,粗壮,绿色或红色,分枝少,单叶互生,卵形或菱状卵形,有长柄。初秋时上部叶片变色,普通品种变为红、黄、绿三色相间,优良品种则呈鲜黄或鲜红色,艳丽,顶生叶尤为鲜红耀眼,观赏期6~10月,其中8~10月为最佳观赏期。花小,单性或杂性,簇生叶腋或呈顶生穗状花序,花序小而不明显,单性花或两性花,雌雄同株。浆果卵形,成熟期9~10月。种子细小,亮黑色。

2. 生活习性

雁来红耐干旱,不耐寒,喜肥沃而排水良好的土壤;喜湿润向阳及通风良好的环境,忌水涝和湿热。雁来红生长期注意通风透光,不宜过肥、过湿,以免徒长,叶色不鲜艳。雁来红生命力强,容易生长,管理粗放,有一定的耐碱性,能自播繁衍。

【精彩赏析】

1. 花言草语

我的心在燃烧。

2. 传奇故事

相传,在盐河边上,有个小伙子叫雁子,有个姑娘叫红香,小伙子英俊,姑娘漂亮,是男耕女织的一对好手,他们订下了婚事。一天,当地恶霸串通官府把雁子打发到遥远的地方去做苦工,并逼迫红香与恶霸儿子成婚,红香十分生气,一头撞死在树下,后来在她的坟上长出了花。当雁子听到红香已死的消息后,也忧愁致死,其身化为一只雁,当雁飞到红香的坟旁,花的叶子就变成了鲜红色,故把这种植物叫"雁来红"。

3. 诗歌欣赏

雁来红

(明末清初)恽寿平

绿绿红红似晚霞,牡丹颜色不如他。

空劳蝴蝶飞千遍,此种原来不是花。

【功能应用】

1. 在园林绿化上的应用

雁来红是优良的观叶植物,可作花坛背景,在篱垣或路边丛植,也可大片种植于草坪之中,与各色花草组成绚丽的图案。

2. 在社交礼仪上的应用

似花非花的雁来红色彩更加娇艳,让人耳目一新,成为21世纪重要的装饰花卉,也是重要的切花,用来求爱,表达炽热的爱和情感。

3. 在经济领域里的应用

雁来红含大量的维生素C、苋色素,味甜微涩,性凉,用于治疗痢疾、吐血、血崩、目翳等症。

2.35 樱 花

【身份信息】

名　称	樱花(图35)
学　名	*Cerasus yedoensis*
别　称	山樱花、野生福岛樱
科属名	蔷薇科,樱属
分　布	印度北部、日本、中国长江流域、朝鲜
备　注	日本国花(民间)

【鉴别特征】

1. 形态特征

樱花树皮紫褐色,平滑有光泽,有横纹。花与叶互生,椭圆形或倒卵状椭圆形,边缘有芒齿,先端尖而有腺体,表面深绿色,有光泽,背面稍淡。托叶披针状线形,边缘细裂呈锯齿状,裂端有腺。花每支三五朵,成伞状花序,萼片水平开展,花瓣先端有缺刻,白色、红色。花在3月与叶同放或叶后开花。

2. 生活习性

樱花性喜阳光,喜欢温暖湿润的气候环境;对土壤的要求不严,以深厚肥沃的砂质土壤生长最好;对烟尘、有害气体及海潮风的抵抗力均较弱。樱花根系较浅,忌积水低洼地。

【精彩赏析】

1. 花言草语

樱花:生命、幸福一生一世永不放弃,命运的法则就是循环、纯洁。

山樱:向你微笑、精神美。

西洋樱花:善良的教育。

冬樱花:东方的神秘。

重瓣樱花:文静。

樱花草:除你之外别无他爱。

2. 传奇故事

传说樱花本来只有白色,而那些壮志未酬的武士选择在他们喜爱的樱花树下了结自己的生命,鲜红的血缓缓地渗进泥土里,把樱花的花瓣渐渐染成了红色,樱花的花瓣越红,说明树下的亡魂就越多。

3. 诗歌欣赏

减字浣溪沙

(清)况周颐

烂漫枝头见八重,倚云和露占春工。十分矜宠压芳丛。鬓影衣香沧海外,花时人事梦魂中。去年吟赏忒匆匆。

【功能应用】

1. 在园林绿化上的应用

樱花花色幽香艳丽,为早春重要的观花树种,常用于园林群植,也可散植于山坡、庭院、路边、建筑物前。樱花盛开时节,花繁艳丽,满树烂漫,如云似霞,极为壮观。

2. 在社交礼仪上的应用

樱花是最受日本人民喜爱的花种,白雪似的樱花,象征日本武士绚烂而短暂的生命。人们喜欢樱花不仅是因为它的妩媚娇艳,更重要的是它经历短暂的灿烂后随即凋谢的"壮烈"。

3. 在经济领域里的应用

樱花的树皮和新鲜嫩叶可药用。在日本,有人将樱花鲜花瓣磨成花蜜制作果酱和调味品。樱花具有嫩肤、亮肤的作用,因此樱花可作为生产护肤品的原料。

2.36 虞美人

【身份信息】

名 称	虞美人(图36)
学 名	*Papaver rhoeas*
别 称	丽春花、蝴蝶满园春、赛牡丹、百般娇
科属名	罂粟科,罂粟属
分 布	原产欧洲,我国各地都有栽培
备 注	比利时国花

【鉴别特征】

1. 形态特征

虞美人为一年生草本植物,全株被开展的粗毛,有乳汁。叶片呈羽状深裂或全裂,裂片披针形,边缘有不规则的锯齿。花单生,有长梗,未开放时下垂,花萼2片,椭圆形,外被粗毛。花冠4瓣,近圆形,具暗斑。雄蕊多数,离生。子房倒卵形,花柱极短,柱头常具10或16个辐射状分枝。花径约5~6cm,花色丰富。蒴果杯形,成熟时顶孔开裂,种子肾形,多数。虞美人花期为4~7月,果熟期为6~8月。

2. 生活习性

虞美人耐寒,畏暑热,喜阳光充足的环境,喜排水良好、肥沃的沙壤土。虞美人只能播种繁殖,不耐移栽,能自播。虞美人耐干燥耐旱,但不耐积水,生育期间浇水不宜多,以保持土壤湿润为好。

【精彩赏析】

1. 花言草语

白色虞美人:安慰、慰问

红色虞美人:奢侈、顺从。

2. 传奇故事

我国常常把虞美人和古代绝世佳人虞姬联系起来,并有虞美人是由虞姬之血所化的传说。

公元前200多年,秦朝灭亡,项羽要做降服万众的"霸王",刘邦想当统治天下的皇帝。刘邦的汉军与项羽的楚军,为争夺天下打来打去。最后,楚军被汉军围困在垓下,在四面楚歌声中,项羽自知兵败,难以突出重围,便对爱妾虞姬说道:"你自己去寻找生路吧! 我当与你长别了。"

虞姬听了,突然起立,沉重地说道:"我活着随大王,死也随大王,愿大王多保重!"并唱了一首歌:"汉兵已略地,四面楚歌声,大王意气尽,贱妾何聊生!"歌罢,她便从项王腰间,拔出佩剑,向颈一横,顿时血流如注,香消玉殒。虞姬的鲜血,流在地上,长出了一种鲜红的花,后来,人们便把这种美丽的花称作"虞美人"。

3. 诗歌欣赏

虞美人花

(清)吴嘉纪

楚汉今俱没,君坟草尚存。

几枝亡国恨,千载美人魂。

影弱还如舞,花娇欲有言。

年年持此意,以报项家恩。

【功能应用】

1. 在园林绿化上的应用

虞美人的花多彩多姿、颇为美观,适合花坛、花境栽植,也可盆栽观赏。在公园中成片栽植,景色非常宜人。因为一株上花蕾很多,此谢彼开,可保持相当长的观赏期,如分期播种,能从春季陆续开放到秋季。

2. 在社交礼仪上的应用

虞美人用作切花,须在花蕾半放时剪下,立即浸入温水中,防止乳汁外流过多,否则花枝很快萎缩,花朵也不能全开。

3. 在经济领域里的应用

虞美人入药叫雏罂粟,无毒,有镇咳、止痛、停泻、催眠等功效,其种子可抗癌化瘤,延年益寿。

2.37 郁金香

【身份信息】

名　称	郁金香(图37)
学　名	*Tulipa gesneriana*
别　称	洋荷花、草麝香、郁香
科属名	百合科,郁金香属
分　布	原产欧洲,现世界各地均有种植
备　注	荷兰、土耳其等国国花,甘肃省省花

【鉴别特征】

1. 形态特征

郁金香为多年生草本植物,鳞茎扁圆锥形或扁卵圆形,直径长约2cm,外被淡黄色纤维状皮膜。茎叶光滑具白粉。叶3~5片,长椭圆状披针形或卵状披针形,基生者2~3枚,较宽大,茎生者1~2枚。茎高6~10cm,花单生茎顶,基部常黑紫色。花葶长35~55cm,花瓣6片,倒卵形,鲜黄色或紫红色,具黄色条纹和斑点;雄蕊6,离生,花药长0.7~1.3cm,基部着生,花丝基部宽阔;雌蕊长1.7~2.5cm,花柱3裂至基部,反卷。花有杯形、碗形、卵型、球型、钟形、漏斗形、百合花形等,有单瓣也有重瓣。花色有白、粉红、洋红、紫、褐、黄、橙等,深浅不一,单色或复色。花期一般为3~5月,有早、中、晚之别。蒴果3室,室背开裂,种子多数,扁平。

2. 生活习性

郁金香属长日照花卉,性喜向阳、避风。郁金香耐寒性很强,在严寒地区如有厚雪覆盖,鳞茎就可在露地越冬,但是郁金香怕酷暑,如果盛夏炎热,则鳞茎休眠后难以度夏。郁金香要求腐殖质丰富、疏松肥沃、排水良好的微酸性沙质壤土。

【精彩赏析】

1. 花言草语

郁金香:爱的表白、荣誉、祝福永恒。

郁金香(红):爱的宣言、喜悦、热爱。

郁金香(粉):美人、热爱、幸福。

郁金香(黄):高贵、珍重、财富。

郁金香(紫):无尽的爱、最爱。

郁金香(白):纯情、纯洁。

郁金香(双色):美丽的你、喜相逢。

郁金香(羽毛):情意绵绵。

2. 传奇故事

有两朵小郁金香,从小就是最好的朋友,她们互相许诺一定要出去看看外面的世界,去看看比白色更美的颜色。

有一天,一位王子经过了她们身边。当王子俯身抚摸着她们的花瓣时,她们霎时间惊呆了。他深紫色的瞳孔散发着幽幽的光芒,一袭浅紫色的长袍衬托出他与众不同的气质。最璀璨夺目的是他手上的那枚紫水晶戒指,虽然很小,却似有着神奇的魔力。原来,世界最美丽的颜色是紫色。

那一刻,两人同时爱上了这个神话般的王子。

她们显然是幸运的,王子不顾随从的阻拦,亲手小心翼翼将她们从土中挖出,带回了皇宫。从此,她们便生活在了一个充满紫色的幻境里,祈祷着有一天自己的花瓣也能变成紫色。

她们决心要退去凄凉的白色,而办法只有一个——让王子爱上自己。一个为了达到目的,费尽心机;另外一个却选择默默地祝福,因为她知道,真正的爱情只是希望对方过得幸福。最后,不择手段的她赢得了王子;而善良的她付出了一切,却最终选择放弃。树林里,当剑从胸中刺入,鲜血喷涌而出。王子如梦初醒,抱着她失声痛哭。那一刻,她笑了,笑得如此灿烂,如此美丽……她的鲜血淌在这片黑土上,在阳光下闪着淡淡的紫色的光,那微弱却动人心魄的紫色光芒!

从那以后,世界上便出现了一种奇特又美丽的花——紫色郁金香。老人们说,她代表着永不磨灭的爱情。

3. 诗歌欣赏

客中作

（唐）李白

兰陵美酒郁金香，玉碗盛来琥珀光。

但使主人能醉客，不知何处是他乡。

【功能应用】

1. 在园林绿化上的应用

郁金香是重要的春季球根花卉，主要用于布置花坛、花境，也可丛植于草坪上、落叶树下。此外，中、矮性品种可盆栽。

2. 在社交礼仪上的应用

郁金香可做切花应用于插花作品中，表达对美好、幸福生活和甜美爱情生活的热爱。

3. 在经济领域里的应用

郁金香性味苦、辛，化湿辟秽，主治脾胃湿浊、胸脘满闷、呕逆腹痛、口臭苔腻等。

2.38 月 季

【身份信息】

名 称	月季(图38)
学 名	*Rosa chinensis*
别 称	月月红、长春花、月月花、四季花、胜春
科属名	蔷薇科,蔷薇属
分 布	广泛分布于世界各地
备 注	卢森堡国花,北京市、天津市市花,青岛、南昌、安庆、蚌埠、常州、大连、德阳、恩施、阜阳、衡阳、淮南、淮阴、焦作、平顶山、商丘、邵阳、西昌、鹰潭、郑州、驻马店、芜湖等市市花

【鉴别特征】

1. 形态特征

月季为有刺灌木，呈蔓状与攀援状，常绿或落叶，老茎棕色，嫩茎绿色,具有钩刺或无刺。叶为墨绿色,奇数羽状复叶,宽卵形或卵状长圆形,长2.5~6cm,先端渐尖,具尖齿,叶缘有锯齿,两面无毛,光滑;托叶与叶柄合生,全缘或具腺齿,顶端分离为耳状。花朵常簇生,稀单生,花色甚多,色泽各异,径4~5cm,多为重瓣也有单瓣者;萼片尾状长尖,边缘有羽状裂片;花柱分离,伸出萼筒口外,与雄蕊等长,每子房1胚珠。果卵球形或梨形,长1~2cm,萼片脱落。花期在4~10月。肉质蔷薇果,成熟后呈红黄色,顶部裂开,"种子"为瘦果,栗褐色。

2. 生活习性

月季适应性强,耐寒耐旱,对土壤要求不严格,但以富含有机质、排水良好的微酸性沙壤土最好。月季喜欢阳光,但是过多的强光直射又对花蕾发育不利,花瓣容易焦枯。月季喜欢温暖,一般气温在22℃~25℃为适宜温度,夏季高温对开花不利。月季需要保持空气流通、无污染,若通气不良易发生白粉病;空气中的有害气体,如二氧化硫、氯、氟化物等均对月季花有毒害。

【精彩赏析】

1. 花言草语

通用花语:爱情和真挚的情谊。

红月季:纯洁的爱,热恋或热情可嘉、贞节等;红月季蓓蕾还表示可爱。

白月季:尊敬和崇高。在日本,白月季(玫瑰)象征父爱,是父亲节的主要用花。白玫瑰蓓蕾还象征少女。

粉红月季:初恋。

黑色月季:有个性和创意。

蓝紫色月季:珍贵、珍惜。

橙黄色月季:富有青春气息、美丽。

黄色月季:道歉(但在法国人看来是妒忌或不忠诚)。

绿白色月季:纯真、俭朴或赤子之心。

双色月季:矛盾或兴趣较多。

三色月季:博学多才、深情。

2. 传奇故事

传说很久以前，神农山下有一高姓人家，家有一女名叫玉兰，年方十八，温柔沉静，很多公子王孙前来求亲，玉兰都不同意。因为她有一老母，终年咳嗽、咯血，多方用药，全无疗效。无奈之下，玉兰背着父母，张榜求医："治好吾母病者，小女以身相许。"有一位叫长春的青年揭榜献方。玉兰母服其药，果然康复。玉兰不负前约，与长春结为百年之好。洞房花烛之夜，玉兰询问什么神方如此灵验，长春回答说："月季月季，清咳良剂。此乃家传秘方：冰糖与月季花合炖，乃清咳止血神汤，专治妇人病。"玉兰点头记在心里。

3. 诗歌欣赏

腊前月季

（宋）杨万里

只道花无十日红，此花无日不春风。

一尖已剥胭脂笔，四破犹包翡翠茸。

别有香超桃李外，更同梅斗雪霜中。

折来喜作新年看，忘却今晨是季冬。

【功能应用】

1. 在园林绿化上的应用

月季可用于园林布置花坛、花境的花材。

2. 在社交礼仪上的应用

月季被誉为"花中皇后"，是中国传统十大名花之一。它与菊花、唐菖蒲、香石竹、非洲菊并称为世界五大切花，也可制作月季盆景、花篮、花束等，广泛应用于社交礼仪活动。

3. 在经济领域里的应用

月季花可提取香料；根、叶、花均可入药，具有活血消肿、消炎解毒功效。中医认为，月季味甘、性温，入肝经，有活血调经、消肿解毒的功效。由于月季花的祛瘀、行气、止痛作用明显，故常被用于治疗月经不调、痛经等病症。

2.39 鸢 尾

【身份信息】

名 称	鸢尾(图39)
学 名	*Iris tectorum*
别 称	紫蝴蝶、蓝蝴蝶、乌鸢、扁竹花
科属名	鸢尾科,鸢尾属
分 布	原产中国和日本,现分布中国南部、北非、西班牙等地
备 注	法国国花

【鉴别特征】

1. 形态特征

鸢尾为多年生宿根草本,高约50cm。根状茎匍匐多节,粗而节间短、浅黄色。叶为渐尖状剑形,质薄,淡绿色,呈二纵列交互排列,基部互相包叠。春至初夏开花,总状花序2枝,每枝有花3朵;花蝶形,花冠蓝紫色或紫白色,外3枚较大,圆形下垂;内3枚较小,倒圆形;外列花被有深紫斑点,中央面有一行鸡冠状白色带紫纹突起,雄蕊3枚,与外轮花被对生;花柱3歧,扁平如花瓣状,覆盖着雄蕊。花出叶丛,有蓝、紫、黄、白、淡红等色,花型大而美丽。蒴果长椭圆形,有6棱。

2. 生活习性

鸢尾耐寒性较强,喜适度湿润,排水良好,富含腐殖质、略带碱性的粘性土壤;喜阳光允足,气候凉爽环境。

【精彩赏析】

1. 花言草语

通用花语:好消息的使者、爱的使者。

白色鸢尾:纯真。

黄色鸢尾:友谊永固、热情开朗;

蓝色鸢尾:赞赏对方素雅大方或暗中仰慕;宿命中的游离和破碎的激情,精致的美丽,可是易碎且易逝。

紫色鸢尾:爱意与吉祥。

紫蓝色鸢尾(爱丽斯):好消息、使者、想念你。

深宝蓝色鸢尾(德国鸢尾):神圣。

2. 传奇故事

相传,法兰克王克洛维在受洗礼时,上帝送给他一件礼物,就是鸢尾。在法国,鸢尾是光明和自由的象征。这种植物的名字是由上帝的信使和连接地球及其他世界的彩虹而来的。

3. 诗歌欣赏

鸢尾花

(当代)席慕蓉

——请保持静默,永远不要再回答我

终究必须离去　这柔媚清朗

有着微微湿润的风的春日

这周遭光亮细致并且不厌其烦地

呈现着所有生命过程的世界

即使是把微小的欢悦努力扩大

把凝神品味着的

平静的幸福尽量延长

那从起点到终点之间

如谜一般的距离依旧无法丈量

(这无垠的孤独啊　这必须的担负)

所有的记忆离我并不很远

就在我们曾经同行过的苔痕映照静寂的林间

可是　有一种不能确知的心情即使是

寻找到了适当的字句也逐渐无法再驾御

到了最后　我之于你

一如深紫色的鸢尾花之于这个春季

终究仍要互相背弃

(而此刻这耽美于极度的时光啊　终成绝响)

【功能应用】

1. 在园林绿化上的应用

鸢尾叶片碧绿青翠,花形大而奇,花色丰富,宛若翩翩彩蝶,是庭园中的重要花卉之一,也是优美的盆花和花坛用花。

2. 在社交礼仪上的应用

部分种类的鸢尾是优良的鲜切花材料,可以为亲朋好友带去纯真,美好的祝愿。

3. 在经济领域里的应用

国外有用鸢尾花作成香水的习俗。鸢尾根茎可当吐剂及泻剂,也可治疗眩晕及肿毒。其叶子与根有毒,会造成肠胃淤血及严重腹泻,花苦、平,且有毒。

第三章　省花鉴赏与应用

3.1　白玉兰

【身份信息】

名　称	白玉兰(图40)
学　名	*Magnolia denudate*
别　称	玉兰、望春花、应春花
科属名	木兰科,木兰属
分　布	原产中国中部山野中,现世界各地均有栽培
备　注	上海市市花

【鉴别特征】

1. 形态特征

白玉兰花白如玉,花香似兰,其树型魁伟,高者可超过10m。树冠阔伞形,大型叶为倒卵形,先端短而突尖,基部楔形,表面有光泽,嫩枝及芽外被短绒毛。越冬芽具大形鳞片。花先叶开放,顶生、朵大,直径12~15cm。花被9片,花冠钟状。果穗圆筒形,褐色,蓇葖果,成熟后开裂,种红色。白玉兰通常在3月开花,6~7月果熟。

2. 生活习性

白玉兰性喜光,较耐寒,可露地越冬;爱干燥,忌低湿,栽植地渍水易烂根;喜肥沃、排水良好且带微酸性的砂质土壤,在弱碱性的土壤上亦可生长。

【精彩赏析】

1. 花言草语

表露爱意,高洁、芬芳、纯洁,纯洁的爱,真挚。

2. 传奇故事

很久以前,在一处深山里住着三个姐妹,大姐叫红玉兰,二姐叫白玉兰,三姐叫黄玉兰。一天,她们下山游玩却发现村子,一片死寂,三姐妹十分惊异,向村子里的人讯问后得知,原来秦始皇赶山填海,杀死了龙虾公主。从此,龙王爷锁了盐库,不让人吃盐,终于导致了瘟疫发生,死了很多人。三姐妹十分同情他们,决定帮大家讨盐。在遭到龙王多次拒绝以后,三姐妹只得从看守盐仓的蟹将军入手,用自己酿制的花香迷倒了蟹将军,趁机将盐仓凿穿,把所有的盐都浸入海水中。村子里的人得救了,三姐妹却被龙王变作花树。后来,人们为了纪念她们就将花树称作"玉兰花",而她们酿造的花香也变成了她们自己的香味。

3. 诗歌欣赏

玉兰

(明)睦石

霓裳片片晚妆新,束素亭亭玉殿春。

已向丹霞生浅晕,故将清露作芳尘。

【功能应用】

1. 在园林绿化上的应用

白玉兰先花后叶,花洁白、美丽且清香,早春开花时犹如雪涛云海,蔚为壮观。古时常在住宅的厅前院后配置,名为"玉兰堂",亦可在庭园路边、草坪角隅、亭台前后或漏窗内外、洞门两旁等处。白玉兰可孤植、对植、丛植或群植。白玉兰对二氧化硫、氯等有毒气体抵制抗力较强,可以在大气污染较严重的地区栽培。

2. 在社交礼仪上的应用

白玉兰花有着忠贞不渝爱情的寓意,每逢喜庆吉日,人们常以白玉兰花馈赠,是表露爱意的使者。

3. 在经济领域里的应用

白玉兰花是名贵的观赏植物,其花朵大,花形俏丽,开放时溢发幽香。白玉兰花瓣可供食用,肉质较厚,具有清香,清代《花镜》谓:"其(花)瓣择洗清洁,拖面麻油煎食极佳,或蜜浸亦可。"

白玉兰花含有挥发油,其中主要为柠檬醛、丁香油酸等,还含有木兰花碱、生物碱、望春花素、癸酸、芦丁、油酸、维生素A等成分,具有一定的药用价值。白玉兰花性味辛、温,具有祛风散寒通窍、宣肺通鼻的功效,可用于头痛、血瘀型痛经、鼻塞、急慢性鼻窦炎、过敏性鼻炎等症。现代药理学研究表明,白玉兰花对常见皮肤真菌有抑制作用。

3.2 百 合

【身份信息】

名 称	百合(图41)
学 名	*Lilium brownii*
别 称	百合蒜、山丹、番韭、倒仙、强瞿
科属名	百合科,百合属
分 布	原产于中国,主要分布在亚洲东部、欧洲、北美洲等北半球温带地区
备 注	陕西省省花

【鉴别特征】

1. 形态特征

百合为多年生草本植物,株高70~150cm。鳞片为披针形,复瓦状排列于鳞茎盘上,组成鳞茎。茎表面通常绿色,或有棕色斑纹,或全棕红色,圆柱形,无毛。叶呈螺旋状散生排列,少轮生;叶形有披针形、矩圆状披针形和倒披针形、椭圆形或条形;叶无柄或具短柄;叶全缘或有小乳头状突起。花大单生、簇生或呈总状花序;花朵直立、下垂或平伸,花色鲜艳;花被片6枚,分2轮,离生,常有靠合而成钟形、喇叭形;花色有白、黄、粉、红等多种颜色;雄蕊6枚,花丝细长,花药椭圆较大。

2. 生活习性

百合喜温暖湿润和阳光充足的环境。百合的生长适温为15~

25℃,温度低于10℃,生长缓慢,温度超30℃则生长不良。生长过程中,以白天温度21℃~23℃、晚间温度15℃~17℃最好。百合栽培的鳞茎必须通过7℃~10℃低温储藏4~6周。土壤要求肥沃、疏松和排水良好的砂质壤土,pH在5.5~6.5最好。

【精彩赏析】

1. 花言草语

通用花语:吉祥纯洁,百事合心,百年好合,心想事成。

白百合:纯洁、庄严、心心相印。

葵百合:胜利、荣誉、富贵。

姬百合:财富、荣誉、清纯、高雅。

野百合:永远幸福。

狐尾百合:尊贵、欣欣向荣、杰出。

玉米百合:执著的爱、勇敢。

编笠百合:才能、威严、杰出。

圣诞百合:喜洋洋、庆祝、真情。

水仙百合:喜悦、期待相逢。

2. 传奇故事

在德国,一个名叫爱丽丝的姑娘,陪伴着母亲住在哈尔兹山区。有一天,劳莫保大公爵乘马车路过此地,看见了爱丽丝,竟以为是仙女下凡,立即邀请她一起回城。他以为自己是大公爵,权大势大,可以蛮不讲理,岂料爱丽丝竟执意不肯。大公爵哪肯罢休,拉着姑娘不放。姑娘惨叫,呼天保佑,忽然一阵神风,姑娘不见了,却从姑娘站的地里,耸起一株百合花,放出阵阵清香。

3. 诗歌欣赏

山百合

(当代)席慕蓉

与人无争　静静地开放

一朵芬芳的山百合

静静地开放在我的心里

没有人知道它的存在

它的洁白
只有我的流浪者
在孤独的路途上
时时微笑地想起它来

【功能应用】

1. 在园林绿化上的应用

百合具有极高的观赏价值,盆栽、地栽均可。

2. 在社交礼仪上的应用

百合是优良的切花素材,在国内外切花市场上占有很高的份额。

3. 在经济领域里的应用

百合的鳞茎具有较高的营养成分,又具有较高的药用价值。早在2 000多年前,百合就被中医引用。中医认为,百合有润肺止咳、清心安神、补中益气之功能,能治肺痨久咳、咳嗽痰血、虚烦、惊悸、神志恍惚、脚气水肿等症。

常用的百合药膳方有蜜煎百合、百合香米粥、百合党参猪肺汤、百合鸡子汤、百合煨肉等;临床常用的方剂有百合知母汤、百合地黄汤、百合滑不散、百合干粉、新鲜百合汁等。

百合虽是滋补佳品和名食,但因其甘寒质润,凡风寒咳嗽、大便溏泄、脾胃虚弱、寒湿久滞、肾阳衰退者均忌用。

3.3 桂 花

【身份信息】

名　称	桂花(图42)
学　名	*Osmanthus fragrans*
别　称	月桂、木犀
科属名	木樨科,木樨属
分　布	原产我国西南现各地均有栽培
备　注	广西壮族自治区区花,桂林、杭州、泸州、马鞍山、南阳、苏州、合肥等市市花

【鉴别特征】

1. 形态特征

桂花为常绿灌木或小乔木，高1.5~15m。树冠圆头形、半圆形、椭圆形，树冠可以覆盖60m²。树皮粗糙，灰褐色或灰白。叶对生，椭圆形或长椭圆形，全缘或上半部疏生细锯齿。花3~5朵生于叶腋，呈聚伞花序，花形小而有浓香，花色因品种而异。

2. 生活习性

桂花喜温暖湿润的气候，耐高温而不耐寒，为亚热带树种。桂花对土壤的要求不高，除碱性土和低洼地或过于粘重、排水不畅的土壤外，一般均可生长，但以土层深厚、疏松肥沃、排水良好的微酸性砂质壤土为佳。

【精彩赏析】

1. 花言草语

伴佳人，香满天下，誉满神州；崇高、贞洁、荣誉、友好、吉祥。

2. 传奇故事

很久很久以前，咸宁这个地方发了一场瘟疫，死伤无数，人们用各种方法都不见效果。挂榜山下，有一个勇敢、忠厚、孝顺的小伙子，叫吴刚，他母亲也病床不起了，小伙子每天上山采药救母。一天，观音东游归来，正赶回西天过中秋佳节，路过挂榜山，见小伙子在峭壁上采药，深受感动。晚上托梦给他，说月宫中有一种叫木樨的树，也叫桂花，开着一种金黄色的小花，用它泡水喝，可以治这种瘟疫；挂榜山到八月十五有大梯叫以去月宫摘桂。

这天晚上正好是八月十二，还有三天就八月十五中秋节了。可要上到挂榜山顶要过七道深涧，上七处绝壁悬岩，最少需要七天七夜，过了今年八月十五，错过了桂花一年一次的花期，又要等一年。长话短说，这个吴刚费了千辛万苦，终于在八月十五晚上登上了挂榜山顶，赶上了通向月宫的天梯。八月正是桂花飘香的时节，天香云外飘。吴刚顺着香气来到桂花树下，看着金灿灿的桂花，见着这天外之物，好不高兴，他就拼命的摘呀摘，总想多摘一点回去救母亲，救乡亲。可摘多了他抱不了，于是他想了一个办法，他摇动着桂花树，让桂花纷纷飘落，掉到了挂榜山下的河中。顿时,河面清香扑鼻,河水被染成了金黄色。人们喝着这河水,疫病全都好了。于是人们都说,这哪是河水呀,这分明就是一河比金子还贵的救命水。所以,就给这条河取名为金水,后来又在金字旁边加上三点水,取名"淦河"。

这天晚上正是天宫的神仙们八月十五集会,会上还要赏月吃月饼。这时桂花的香气冲到天上,惊动了神仙们,于是派差官去调查。差官到月宫一看,见月宫神树、定宫之宝桂花树上的桂花全部没有了,都落到了人间的"淦河"里,就报告给了玉帝。玉帝一听大怒,于是派天兵天将将吴刚抓来。

吴刚抓来后,把当晚发生的事一五一十地对玉帝说了。玉帝听完很敬佩这个年轻人。可吴刚毕竟是犯了天规,不惩罚他不能树玉帝的威信。于是,玉帝问吴刚有什么要求,吴刚说他想把桂花树带到人间去救苦救难。玉帝想了一个主意,既可惩罚吴刚,又可答应吴刚的要求。他说,只要你把桂花砍倒,你就拿去吧。于是,吴刚找来斧头大砍起来,想快速砍倒大树。谁知,玉帝施了法术,砍一刀长一刀,这样吴刚长年累月的砍,砍了几千年。吴刚见砍树不倒,思乡思母心切,于是他在每年的中秋之夜都丢下一支桂花到挂榜山上,以寄托思乡之情。年复一年,挂榜山上都长满了桂花,乡亲们就用这桂花泡茶喝,再也没有了灾难。

3. 诗歌欣赏

桂花

(宋)吕声之

独占三秋压众芳,何夸橘绿与橙黄。

自从分下月中秋,果若飘来天际香。

【功能应用】

1. 在园林绿化上的应用

桂花终年常绿,枝繁叶茂,秋季开花,芳香四溢,在园林中应用普遍,常做园景树,有孤植、对植,也有成丛成林栽种。在中国古典园林中,桂花常与建筑物,山、石相配,以丛生灌木型的植株植于亭、台、楼、阁附近。旧式庭园常用对植,古称"双桂当庭"或"双桂留芳"。在住宅四旁或窗前栽植桂花树,能收到"金风送香"的效果。

2. 在社交礼仪上的应用

历代民间皆视桂花为吉祥之兆。唐宋以来，凡立志十年寒窗、金榜题名者竞相栽植桂花，期盼自己能够"折桂""仕途通达"。折桂也有等级之分：状元—丹桂，榜眼—金桂，探花—银桂；对获得殊荣者则被誉为拥有"桂冠"；桂花与寿桃合图，则表示"贵寿无限"；桂花开放时来访的客人—贵人；新房内摆放莲花（荷花）、桂花—"连生贵子"。

3. 在经济领域里的应用

桂花可提取芳香油，制桂花浸膏。桂花浸膏具有天然桂花香气，可用于食品、化妆品和酿酒。古人认为桂为百药之长，用桂花酿制的桂花酒能达到"饮之寿千岁"的功效。桂花酒香甜醇厚，有开胃醒神、健脾补虚的功效，尤其适用于女士饮用，被赞誉为"妇女幸福酒"。

桂花的花、果实及根皆可入药。花：辛、温，散寒破结、化痰止咳，用于牙痛，咳喘痰多，经闭腹痛；果：辛、甘、温，暖胃、平肝、散寒，用于治疗虚寒胃痛；根：甘、平、微涩，祛风湿、散寒，用于治疗风湿筋骨疼痛、腰痛、肾虚、牙痛。

桂花茶可养颜美容，舒缓喉咙，改善多痰、咳嗽症状，对十二指肠溃疡、荨麻疹、胃寒胃疼、口臭、视觉不明等有辅助疗效。

3.4　黄山杜鹃

【身份信息】

名　称	黄山杜鹃（图43）
学　名	*Rhododendron anhweiense*
别　称	安徽杜鹃
科属名	杜鹃花科，杜鹃花属
分　布	安徽、浙江、江西、湖南及广西
备　注	安徽省省花，黄山市市花

【鉴别特征】

1. 形态特征

黄山杜鹃为常绿灌木,多分枝,粗壮,嫩时被稀疏丛卷毛,老时无毛。叶革质,聚生于枝端,卵状披针形,顶端尖,有短尖头,基部近圆形,表面深绿色,背面浅绿带黄色,中脉在表面深凹陷,在背面隆起。总状伞形花序顶生,有花9~10朵;总花轴粗短,长约1.5cm;花梗长1.7~2.5cm,直立、粗壮,初时被稀疏丛糙毛;花萼小,5裂,裂片圆齿状或钝齿状,被缘毛;花冠白色或带紫色,钟形,裂片5,圆形,顶端微缺,上面1裂片的下部内有红色斑点;雄蕊10,不等长,花丝基部被微柔毛。花柱长2.5cm,基部略被稀疏毛,柱头大,紫色,子房有稀疏腺体和丛卷毛。

2. 生活习性

黄山杜鹃一般生长在海拔750~1 700m的林缘、绝壁以及山谷旁或密林中。

【精彩赏析】

1. 花言草语

自强不息,生命力顽强。

2. 传奇故事

黄山杜鹃是植物学家最早在安徽黄山发现的,并由大名鼎鼎的植物猎人、博物学家欧内斯特·亨利·威尔逊命名,又名安徽杜鹃、皖杜鹃。在1985年安徽省评选省花、省鸟活动中,以5 356票遥遥领先其他花种。1986年,安徽省人大六届二十次常委会正式将其定为安徽省省花。1987年,在首届中国杜鹃花展览会上被评为"最佳原种奖"。2006年,被黄山市人大评定为黄山市市花。2009年,由黄山景区园林部门遴选的一株黄山杜鹃,在安徽省杜鹃花展中,被评选为"最佳特色奖"。

"人间五月天,黄山看杜鹃"。伴随春季气温回升,被誉为"高山玫瑰"的黄山杜鹃次第开放,路边、溪旁、岩上、林间,到处是黄山杜鹃摇曳的身姿。细看花瓣,红像火、粉如霞、白似雪,在嫩叶的衬托下显得越发娇艳欲滴;细雾飘过,和风吹来,花枝颤动,清新芬芳,引来成群蜂蝶在花丛中穿梭;人在花边走,好似画中游,绝美极致!

3. 诗歌欣赏

杜鹃

（唐）杜甫

西川有杜鹃，东川无杜鹃。涪万无杜鹃，云安有杜鹃。
我昔游锦城，结庐锦水边。有竹一顷馀，乔木上参天。
杜鹃暮春至，哀哀叫其间。我见常再拜，重是古帝魂。
生子百鸟巢，百鸟不敢嗔。仍为喂其子，礼若奉至尊。
鸿雁及羔羊，有礼太古前。行飞与跪乳，识序如知恩。
圣贤古法则，付与后世传。君看禽鸟情，犹解事杜鹃。

【功能应用】

1. 在园林绿化上的应用

黄山杜鹃枝繁叶茂，萌发力强，耐修剪，根桩奇特，是优良的盆景材料。园林中最宜在林缘、溪边、池畔及岩石旁丛植，也可在疏林下散植。

2. 在社交礼仪上的应用

黄山杜鹃是一个特殊的花种，属杜鹃花科常绿灌木，花色非常艳丽，有白色、粉色和大红等，花期在5~6月份，每年的5月中下旬开得最盛，几十棵成片分布，形成花海。每到此时，都有许多画家和摄影家前来黄山寻找创作灵感，中外游客更是纷至沓来，观花赏景，情宜倍增。

3. 在经济领域里的应用

黄山杜鹃的根具有活血止痛的功效，主治跌打损伤。

3.5 金老梅

【身份信息】

名　称	金老梅(图44)
学　名	*Potentilla fruticosa*
别　称	金露梅、金蜡梅
科属名	蔷薇科，委陵菜属
分　布	产于青海、甘肃、四川及云南；东北、华北有分布；北温带广泛分布
备　注	内蒙古自治区区花

【鉴别特征】

1. 形态特征

金老梅为落叶灌木,高0.5~2m,茎多分枝,树皮纵向剥落,小枝红褐色或灰褐色,幼时被长柔毛。羽状复叶,小叶通常5,稀3,上面一对小叶基部下延与叶轴合生,叶柄短,被绢毛或疏柔毛,小叶片长圆形、倒卵长圆形或卵状披针形,先端急尖或圆钝,基部楔形,全缘,边缘平坦或反卷,两面绿色,疏被绢毛或柔毛或脱落近于无毛;托叶薄膜质,宽大,外面被长柔毛或无毛。单花或数朵呈伞房状生于枝顶,花梗密被长柔毛或绢毛,萼片卵形,副萼片披针形至倒卵披针形,与萼片近等长,外面被疏绢毛;花瓣黄色,宽倒卵形;花柱近基生,棒状;瘦果近卵形,褐棕色;花果期在6~9月。

2. 生活习性

金老梅生于海拔3 600~4 800m的高山灌丛、高山草甸及山坡、路旁等处。生长适温16℃~24℃,可耐低温;喜微酸至中性、排水良好的湿润土壤,耐干旱、瘠薄。

【精彩赏析】

1. 花言草语

幸福和爱情。

2. 传奇故事

金老梅是高原上最美的花,在很多藏族歌曲里都把勤劳美丽的姑娘比喻成金老梅。夏天,路边的一团团金老梅紧紧地凑在一起,黄黄的、矮矮的把高原装扮得异常漂亮;冬天,当万物开始冬眠,新的生命要等到来年重新开始的时候,金老梅依然盛开在美丽的雪山上。金老梅代表着藏民族的性格,代表着藏民族不屈不挠、顽强奋斗的精神。藏族人民千百年来世世代代繁衍生息在高原这片神奇的土地上,就像这金老梅一样,历经岁月的沧桑和风吹雨打,顽强屹立在美丽的雪域高原。

3. 诗歌欣赏

鹧鸪天·长白山金老梅

(当代)田浩哲

早送春坡披彩衫,更陪秋岭衬烟岚。

千株秀色谁能久,四季风光独占三。

枝伞护,蕊金衔,星星点点惹眈眈。

炎凉未改情专注,岁岁无声守不咸。

【功能应用】

1. 在园林绿化上的应用

金老梅植株紧密,花色艳丽,花期长,为良好的观花树种,可配植于高山园林或岩石园,也可作绿篱。

2. 在社交礼仪上的应用

在我国青藏高原,金老梅是美好幸福生活和甜蜜爱情的象征。

3. 在经济领域里的应用

金老梅的枝叶柔软,是粗蛋白和脂肪含量高的牧草,春季马、羊喜食。金老梅可入药,夏季花期采摘花序、叶,分别阴干备用,治消化不良、水肿、赤白带下、乳腺炎、中暑、眩晕、食滞、月经不调、咳嗽、水肿、乳腺炎等症。

3.6 蜡 梅

【身份信息】

名　称	蜡梅(图45)
学　名	*Chimonanthus praecox*
别　称	黄梅花、金梅、腊梅、蜡花、腊梅花、腊木、麻木紫、石凉茶、唐梅、香梅
科属名	蜡梅科,蜡梅属
分　布	朝鲜、美洲、日本、欧洲,以及我国湖南、福建、山东、江苏、安徽、云南、河南、湖北、浙江、四川、贵州、陕西、江西等地
备　注	河南省省花,鄢陵市市花

【鉴别特征】

1. 形态特征

蜡梅为落叶灌木,高可达4~5m,常丛生。叶对生,近革质,椭圆状卵形至卵状披针形,先端渐尖,全缘,芽具多数覆瓦状鳞片。蜡梅冬末先叶开花,花单生于一年生枝条,叶腋有短柄及杯状花托,花被多片呈螺旋状排列,黄色,带腊质,花期12月至次年1月,有浓芳香,瘦果多数,6~7月成熟。

2. 生活习性

蜡梅性喜阳光,能耐阴、耐寒、耐旱,忌渍水。蜡梅不适合种植在过于温暖的地区,因为花开对气温的要求是0~10℃持续至少5d。蜡梅属喜肥花卉,适时施肥能促进花芽分化,多开花。

【精彩赏析】

1. 花言草语

哀愁悲怀的慈爱心,高尚的心灵;忠实、独立、坚毅、忠贞、刚强、坚贞、忠实、高洁、高风亮节、傲气凌人、澄澈的心;浩然正气,独立创新。

2. 传奇故事

相传在很早以前,汴京城里刮了一场罕见的狂风,那风刮得天昏地暗,飞沙走石,店铺关门,百姓闭户。大风所过之处,树断墙摧,连皇帝寝宫门前的影壁墙也刮倒了。皇帝想重修影壁墙,可他又是个很迷信的人,以为狂风来自天上,是天帝发怒所为。次日早朝,百官参拜之后,未及奏议,皇帝就把影壁墙一事告诉群臣,请大家商量万全之策,满朝文武左右相顾,面面相觑。过了半个时辰,左丞相出列,笑吟吟地对皇帝说:"启奏吾皇万岁,微臣不才,倒有一个主意,不知可否称吾皇心意。"

皇帝正为此犯愁,忽闻左丞相有计,急忙点头应允。丞相接旨,说道:"启奏吾皇万岁,寝宫影壁损毁,乃慰后宫不幸,重修影壁更是不可,如若将鄢陵腊梅移来一株,栽植寝宫门口,一则平日可遮人耳目,二则夏可庇荫,冬可赏花,三则腊梅花开正值新年,色黄如金,更是皇家吉祥之兆,此一举三得,望陛下三思。"皇帝听完,愁眉舒展,连声称妙,即刻准奏。一面传旨后苑为丞相摆筵,一面命钦差立刻赶赴鄢陵,诏鄢陵县令速贡腊梅入京。一百六十里,钦差不日来到鄢陵县衙,鄢陵县令接到圣旨,不敢怠慢,立即亲自出马,选定了一株上等的百年素心腊梅和一名擅长腊梅捏型的花匠,一同送往汴京交旨。腊梅运至宫中,栽植寝宫门前,花匠觉得丛枝疏离,不太美观,就挥动手中刀剪,在腊梅枝条上下左右摆弄了一阵,捏成了高近丈,宽八尺,正好与原来的影壁大小一样的屏风模样。到了严冬腊月,天寒地冻,百花凋零,万木干枯,一场大雪过后,那株腊梅便在皑皑白雪中欣然张开了金黄色地蓓蕾,向着雪后的太阳,吐出蜂蜡似的花瓣。

一日,皇帝还在寝宫外,有一股浓郁的馨香扑鼻而来,直沁心脾。皇帝来到寝宫定神一看,盛开的腊梅花像一串串倒吊的金铃,在凛冽的寒风中微微晃动,与白雪交相辉映,放射出灿烂金光。皇帝顿觉心旷神怡,不禁大声惊呼:"真乃国色天香,天下第一花也。"这时,一只不知名的长尾巴鸟飞来,轻轻地落在腊梅顶枝,弹落了枝头地的点雪花,皇帝一见,画兴大发,立即让宫人取来文房四宝,展纸磨墨,亲手画了一幅《腊梅飞鸟图》,并传出圣旨,在御花园中建起梅山,移栽腊梅万株,供皇族游赏。这样一来,腊梅花的身价倍增,王公大臣豪族富绅都争相种植腊梅,并将腊梅作为互相馈赠的礼品,鄢陵腊梅也因此而名扬天下。

3. 诗歌欣赏

赠范晔

(东汉)陆凯

折花逢驿使,寄与陇头人。

江南无所有,聊赠一枝春。

【功能应用】

1. 在园林绿化上的应用

蜡梅花开于寒月早春,花黄如腊,清香四溢,为冬季观赏佳品,是我国特有的珍贵园林观赏花木。

2. 在社交礼仪上的应用

蜡梅作为盆花桩景和瓶花颇具特色。我国传统插花喜欢用蜡梅配以南天竹,红果、黄花、绿叶交相辉映,可谓色、香、形相得益彰。

3. 在经济领域里的应用

蜡梅果实古称土巴豆,有毒,可以做泻药,不可误食。中医认为,蜡梅花味微甘、辛、凉,有解暑生津,开胃散郁,解毒生肌,止咳的效果,主治暑热头晕、呕吐、热病烦渴、气郁胃闷、咳嗽等疾病。民间常用蜡梅花煎水给婴儿饮服,有清热解毒的功效。

3.7 梅 花

【身份信息】

名　　称	梅花(图46)
学　　名	*Prunus mume*
别　　称	酸梅、干枝梅、春梅
科属名	蔷薇科,杏属
分　　布	原产我国南方,现全国各地均有栽培
备　　注	湖北省省花,丹江口、南京、武汉、无锡等市市花

【鉴别特征】

1. 形态特征

梅花为小乔木,稀灌木,株高约5~10m,枝干呈褐紫色,多纵驳纹,小枝呈绿色。叶片广卵形至卵形,边缘具细锯齿。花无梗或具短梗,原种呈淡粉红或白色,栽培品种则有紫、红、彩斑至淡黄等花色,于早春先叶而开,花芽着生在长枝的叶腋间,每节着花1~2朵,芳香,花瓣5枚,单瓣,也有重瓣品种。

2. 生活习性

梅花喜温暖气候,花期对气候变化特别敏感。梅花喜空气湿度较大,但花期忌暴雨;喜阳光充足,通风良好,为长寿树种。梅花虽对土壤要求并不严格,但土质以疏松肥沃、排水良好为佳。

【精彩赏析】

1. 花言草语

坚强,高雅。

2. 传奇故事

相传隋代赵师雄游罗浮山时,夜里梦见与一位装束朴素的女子一起饮酒。这位女子芳香袭人,又有一位绿衣童子,在一旁欢歌笑语。天将发亮时,赵师雄醒来,却发现自己睡在一棵大梅花树下,树上有翠鸟在欢唱。原来梦中的女子就是梅花树,绿衣童子就是翠鸟。这时,月亮已经落下,天上的星星也已横斜,赵师雄独自一人惆怅不已。

3. 诗歌欣赏

梅

(宋)王安石

墙角数枝梅,凌寒独自开。

遥知不是雪,为有暗香来。

【功能应用】

1. 在园林绿化上的应用

在园林、绿地、庭园、风景区,梅花可孤植、丛植、群植,也可在屋前、坡上、石际、路边自然配植。若用常绿乔木或深色建筑作背景,更可衬托出梅花玉洁冰清之美。

2. 在社交礼仪上的应用

梅花蕴含中华民族的审美趋向、情感脉络和道德标准。梅花是中华民族之魂,与松、竹相得益彰,苍松是背景,修竹是客景,梅花是主景。

3. 在经济领域里的应用

近代医学研究表明,梅的花蕾能开胃散郁、生津化痰、活血解毒,其根研末可治黄疸。此外,梅花可提取芳香油,用做食品的添加剂。

3.8 牡 丹

【身份信息】

名 称	牡丹(图47)
学 名	*Paeonia suffruticosa*
别 称	鼠姑、鹿韭、白茸、木芍药、百雨金、洛阳花、富贵花
科属名	毛茛科,芍药属
分 布	中国各省市自治区,日本、英国等国家均有引种栽植
备 注	山东省省花,洛阳、菏泽、铜陵、宁国、牡丹江等市市花

【鉴别特征】

1. 形态特征

牡丹为多年生落叶小灌木,株高多在0.5~2m。根肉质,粗而长,中心木质化,长度0.5~0.8m,极少数根长度可达2m;根皮和根肉的色泽因品种而异。枝干直立而脆,圆形,从根茎处丛生数枝而成灌木状,当年生枝光滑、草本、黄褐色。叶互生,叶片通常为二回三出复叶,枝上部常为单叶,小叶片有披针、卵圆、椭圆等形状,顶生小叶常为2~3裂,叶上面深绿色或黄绿色,下为灰绿色,光滑或有毛;总叶柄长8~20cm,表面有凹槽。花单生于当年枝顶,两性,花大色艳,形美多姿,花径10~30cm;花的颜色有白、黄、粉、红、紫红、紫、墨紫(黑)、雪青(粉蓝)、绿、复色十大色;雄雌蕊常有瓣化现象,花瓣自然增多和雄、雌蕊瓣化的程度与品种、栽培环境条件、生长年限等有关;正常花的雄蕊多数,结籽力强,种子成熟度也高,雌蕊瓣化严重的花,结籽少而不实或不结籽,完全花雄蕊离生,心皮一般5枚,少有8枚,各有瓶状子房一室,边缘胎座,多数胚珠,蓇葖果五角,每一果角结籽7~13粒,种子类圆形,嫩时为黄色,老时变成黑褐色。

2. 生活习性

牡丹喜凉恶热,宜燥惧湿,耐寒,不耐高温,可耐低温,在年平均相对湿度45%左右的地区可正常生长。牡丹要求疏松、肥沃、排水良好的中性土壤或砂土壤,忌粘重土壤。

【精彩赏析】

1. 花言草语

圆满,浓情,富贵,雍容华贵;生命,期待,淡淡的爱,用心付出;高洁,端装秀雅,仪态万千,国色天香,守信的人。

2. 传奇故事

武则天登皇位后,一年冬天,她突然兴致大发,带着妃嫔、宫女到上苑饮酒赏雪。此时大雪刚停,只见那假山、凉亭、小桥、长廊一切景物都穿上了洁白的素装。各种花草树木虽说枝叶凋零,但经雪一打扮,犹如银枝玉花,显得格外的美丽。偶尔飞来两只小鸟,把枝条轻轻一掸,撒下团团白絮,好似一只只飞舞的蝴蝶。武则天看得入了迷,没想到雪的景色竟是如此壮丽。突然,她发现在那白皑皑的雪堆里,有点点燃烧跳跃的火苗。仔细一看,原来是朵朵盛开的红梅。武则天真是高兴极了!禁不住吟诗一首,抒发她的喜悦情怀。随同赏花的大臣一看武则天如此欢喜,都争相给她敬酒。这时,有个大臣说:"皇上,梅花再好,毕竟是一花独放。如果你能下道圣旨,让这满园百花齐开,岂不更称心愿吗?"另一大臣摇摇头说:"如今严冬寒月,梅花开放正适时令。若让百花齐放,需等来年春天。"

武则天听罢哈哈一阵大笑,说:"春时花开,不足为奇。百花斗雪竞放,方合我的心意。"

武则天由宫女搀着回到宫里。但她酒兴未消,仍想着让百花斗雪竞放的事。于是,令宫女拿来文房四宝,当即手握霜毫,蘸饱浓墨,在白绢上写了一首五言诗:

明朝游上苑,火速报春知;

花须连夜放,莫待晓风吹。

写罢,她叫宫女拿到上苑焚烧,以报花神知晓。宫女把武则天的诏令拿到上苑焚烧以后,吓坏了百花仙子。大家赶快聚集一起,共同商量对策。桃花仙子胆最小,瑟瑟缩缩地说:"武则天心毒手狠,什么样的事都干得出来,咱们不敢违抗呀!"有几个小花仙子也怯生生地附和着说:"是呀!咱们还是早作准备,提前开放了吧!"牡丹仙子不同意她们的意见,有几分气愤地说:"武则天也太霸道了。你管人间的事,如今竟又管起我们来了。这百花开放,各有节令,开天辟地,四季循从。岂容你逆天乱地?姐妹们,咱们不能从!"

众花仙听牡丹仙子这么一说,都觉得句句在理。可一想武则天的残暴,又都犹豫起来了。桃花仙子哀求牡丹仙子说:"好姐姐,你听我的话,咱们还是顺从了吧。武则天杀人如踩死只蚂蚁,何况咱们这些娇弱的花体呢?"不少仙子接着说:"姐姐,开也是这一次。不然会大祸临头的。"牡丹仙子倔强地说:"违心的事一次也不能干。只要咱们骨硬志坚,看她能奈我何?"

这时已鼓打四更,天色快亮。众花仙看牡丹仙子的决心已下,只好匆匆散去,各自开花去了。

百鸟啾啾,晨曦初露。武则天一觉醒来,醉意已经全消。她穿衣起床,坐在镜前让丫环给她梳妆打扮。正在这时,宫女推门而入,欣喜地禀报："万岁,上苑的百花全开放了!"

武则天一听大喜,想想昨晚写出的诗,只不过是"酒后戏言",没想到百花真的奉旨开放了。她急忙走出皇宫,来到上苑。举目一望,满园的桃花、李花、玉兰、海棠、芙蓉、丁香等全部怒放了,一丛丛,一簇簇,绚丽多彩,争芳斗艳。灿烂的朝霞映着花朵,皎洁的白雪衬着绿叶,随风摇曳,时俯时仰,婀娜多姿,妩媚动人。这时,满朝文武百官都纷纷跑来,武则天面对众卿,得意忘形,迈着大步朝一片光枝秃杈的牡丹走去。她一看花丛中唯有牡丹未放,一股怒火油然而生,破口大骂:"大胆牡丹! 竟敢如此放肆,抗旨不开。放火焚烧,一株不留!"说罢,愤然而去。

武士们领旨后,马上点柴引火,扔入牡丹丛中。霎时,浓烟滚滚,烈焰熊熊,只烧得牡丹噼噼啪啪乱响。牡丹仙子看着一片牡丹将毁于一旦,禁不住滴滴泪垂,悲愤万分。

正当午时,大火燃尽,牡丹花圃化成一片焦灰。内侍禀报武则天:"启禀万岁,牡丹已焚烧成灰。"武则天怒气未消,恶狠狠地说:"连根铲除,贬出长安,扔到洛阳邙山,叫它断种绝代!"

武士们又马上挥起铁镢,把牡丹连根掘出,连夜装车送往洛阳,扔到了邙山岭上。谁知,牡丹一入新土,就又扎下了根。来年春天,满山翠绿。邙山的人很早就喜欢牡丹,家家移种,户户育植。后来,城里人听说了,也纷纷跑来移栽。牡丹仙子看洛阳人这样喜爱牡丹,非常高兴。一到谷雨,株株怒放,千姿百态。观赏牡丹的人,扶老携幼,朝暮不断,人海花海,盛况非凡。

牡丹在洛阳繁殖盛开了。因为这种牡丹在武则天的烈火中骨焦心刚,矢志不移,人们赞它为"焦骨牡丹"。后来,经过洛阳人的精心培育,花儿更红更艳了,所以后人起名叫"洛阳红"。

3. 诗歌欣赏

赏牡丹

(唐)刘禹锡

庭前芍药妖无格,池上芙蕖净少情。

唯有牡丹真国色,花开时节动京城。

【功能应用】

1. 在园林绿化上的应用

牡丹有"花中之王"的美称,可在公园和风景区建立专类园,在古典园林和居民院落中筑花台养植,在园林绿地中自然式孤植、丛植或片植。

2. 在社交礼仪上的应用

因为牡丹象征着荣华富贵、幸福美满、吉祥平安,所以历史上就有结婚时,娘家陪嫁牡丹的佳话。

3. 在经济领域里的应用

牡丹花可食用,花瓣可蒸酒。将牡丹的根加工制成"丹皮",是名贵的中草药,其性微寒,味辛,无毒,入心、肝、肾三经,有散淤血、清血、和血、止痛、通经的作用,还有降低血压、抗菌消炎的功效,久服可益身延寿。

3.9　山茶花

【身份信息】

名　称	山茶花(图48)
学　名	*Camellia japonica*
别　称	山茶、茶花
科属名	山茶科,山茶属
分　布	原产于喜马拉雅山一带,中国,浙江、江西、四川及山东;日本、朝鲜半岛也有分布,尤以云南为盛
备　注	云南省省花,重庆市市化,昆明、青岛、金华、景德镇、宁波、温州、万县等市市花

【鉴别特征】

1. 形态特征

山茶花为常绿灌木或小乔木,高可达3~4m。树干平滑无毛。叶卵形或椭圆形,边缘有细锯齿,革质,表面亮绿色。花单生或对生于叶腋或枝顶,花瓣近于圆形,变种重瓣花瓣可达50~60片,花红、白、黄、紫色均有。花期因品种不同而不同,从10月至翌年4月间都有花开放。蒴果圆形,秋末成熟,但大多数重瓣花不能结果。

2. 生活习性

山茶花喜半阴、忌烈日;喜温暖气候,生长适温为18℃~25℃,始花温度为2℃。山茶花略耐寒,一般品种能耐-10℃的低温;耐暑热,但超过36℃生长受抑制。山茶花喜空气湿度大,忌干燥,宜在年降水量1 200mm以上的地区生长;喜肥沃、疏松的微酸性土壤,PH以5.5~6.5为佳。一年有2次枝梢抽生,第一次为春梢,于3~4月开始夏梢7~9月抽生。山茶花花期长,多数品种为1~2个月,单朵花期一般为7~15d,花期2~3月。

【精彩赏析】

1. 花言草语

茶花:赞赏,完美,给男人以好运气的礼物。

茶花(粉色):渴望着你。

茶花(红色):你是我心中的火焰。

茶花(白色):你值得敬慕。

2. 传奇故事

明朝末年李自成领导的农民起义军攻陷北京,崇祯皇帝缢死煤山。吴三桂投降清军,并引进清军,带领农民起义军,充当先锋,杀死明桂王,清封他为平西王,守云南。吴三桂在云南,横行霸道,在五华山建宫殿,造阿香园,命云南各地献奇花异草。陆凉县境内普济寺有一株茶花,高二丈余,花呈九蕊十八瓣,浓香四溢,为天下珍品。陆凉县令便到普济寺,迫令寺旁居民挖茶树。村民不服,直到天黑,无人动手下锹。这天夜里,村中的一位德高望重的老人,看见一位美丽姑娘走来,手里拿着一枝盛开的茶花,对老人说:"村民爱我,培育我,我的花只向乡亲们开放,吴三桂别想看到我一眼。你们留我留不住,执意抗命会使百姓吃苦,还是让那县令送我去吧,我自有办法对付他们,定能胜利归来。"老人伸手去握姑娘的手,一惊醒来,原来是一个梦。

第二天,老人将梦情告诉村民,大家认为是茶花仙子托梦,就照她的意见办吧! 县令亲自押送村民将茶树送到吴三桂的阿香园,谁知茶树刚放下,便听"哗"的一声,茶树叶子全部脱光。吴三桂大怒,责怪县令一路保护不周。谋臣进言:"一路日晒,常有此情况,栽下去仍然可活的。"到了春天,茶树长了一身叶,就是不开花。吴三桂向茶树抽了一鞭,留下一道伤痕。第二年春天,吴三桂带众姬妾,到阿香园赏花,见茶花只有几朵瘦小的花,吴三桂愤愤地说:"这是什么举世名花!"举鞭又抽去,茶树干上留下第二道伤痕。第三个春天,吴三桂见园中一片凋零,什么花也不开,茶树上蹲着一只乌鸦,向他直叫。吴三桂怒火直冒,挥鞭又向茶树抽去,第三道伤痕上渗出鲜血。吴三桂下令把花匠抓起来办罪。茶花仙子为搭救花匠,不顾自己伤痛,来到吴三桂梦中唱道:"三桂三桂,休得沉醉;不怨花王,怨你昏愦。我本民女,不求富贵,只想回乡,度我穷岁。"吴三桂举起宝剑,向茶花仙子砍去,"咔嚓"一声,宝剑劈在九龙椅上,砍下一颗血淋淋的龙头。茶花仙子冷笑一声,又唱道:"灵魂卑贱,声名很臭。卖主求荣,狐群狗类!枉筑宫苑,血染王位。天怒人怨,必降祸祟。"吴三桂听罢,吓得一身冷汗,便找来一个圆梦的谋臣,询问吉凶。谋臣说:"古人有言,福为祸所依,祸为福所伏。茶树贱种,入宫为祸,出宫为福。不如贬回原籍,脱祸为福。"吴三桂认为有理,便把茶树送回陆凉。

茶树回乡,村里男女老少都出来迎接。大家摸着树干鞭痕,悲喜交集,流下了激动的眼泪。这夜,村民们做了一个大家相同的梦,茶花仙子对大家说:"与敌人作斗争,要有耐心、要坚韧,我虽伤痕累累,但我终于回来了,我是胜利者。"从此,在云南都称山茶花为胜利花。

3. 诗歌欣赏

邵伯梵行寺山茶

(宋)苏轼

山茶相对阿谁栽,细雨无人我独来,
说似与君君不会,烂红如火雪中开。

【功能应用】

1. 在园林绿化上的应用

山茶花花姿丰盈,端庄高雅,为中国传统十大名花之一。山茶花耐阴,配置于疏林边缘,生长最好;假山旁植可构成山石小景;亭台附近散点三五株,格外雅致;若辟以山茶园,花时艳丽如锦;庭院中可于院墙一角,散植几株,自然潇洒;如选杜鹃、玉兰相配置,则花时,红白相间,争奇斗艳;森林公园也可于林缘路旁散植或群植一些,花时可为山林生色不少。

2. 在社交礼仪上的应用

山茶花树冠优美,叶色亮绿,花大色艳,花期又长,正逢元旦、春节开花,盆栽点缀客室、书房和阳台,呈现典雅豪华的气氛。山茶花是用于插花和切花的好材料,其花期较长,花色、花形丰富,叶色浓绿光洁。有文字记载,中国明朝就将山茶花列为瓶花材料用于花卉装饰。现在,山茶花的种植已相当普遍,随着人民生活水平的提高,山茶花的切花运用将会日益广泛。

3. 在经济领域里的应用

吴其浚的《植物名实图考》卷三十五中述:"山茶,本草纲目始录,救荒本草,叶可食及作茶饮,其单瓣结实者,用以榨油,山地种之。花治血症。"在西南地区,民间常取山茶花花蕾供药用,视红色宝珠茶花为药用茶花,其他山茶花也有类似的作用。山茶花含有花白甙及花色甙等,具有敛止血剂,有止血、散瘀、消肿的功用,主治咳血、鼻出血、肠胃出血、子宫出血以及烧伤、烫伤、跌打损伤、创伤出血等症。泡酒成茶花酒,煮糯粥时加入成茶花糯米粥,以治痢。

3.10 水 仙

【身份信息】

名　称	水仙(图49)
学　名	*Narcissus tazetta*
别　称	凌波仙子、金盏银台、落神香妃、玉玲珑、金银台
科属名	石蒜科,水仙属
分　布	中欧、地中海沿岸和北非等国家和地区均有栽培
备　注	福建省省花,漳州市市花

【鉴别特征】

1. 形态特征

水仙为多年生草本植物,鳞茎呈卵状球形,外被棕褐色皮膜。叶狭长带状,长30~80cm,宽1.5~4cm,全缘,面上有白粉。花葶自叶丛中抽出,高于叶面;一般开花的多为4~5片叶的叶丛,每球抽花1~7支,多者可达10支以上;伞房花序(伞形花序)着花4~6朵,多者达10余朵;花白色,芳香;花期在1~3月。

2. 生活习性

水仙性喜温暖、湿润,要排水良好,以疏松肥沃、土层深厚的冲积沙壤土为最宜,pH在5~7.5均能生长。水仙喜阳光充足,白天水仙花盆要放置在阳光充足的向阳处,给予充足的光照,这样才可以使水仙花叶片宽厚、挺拔,叶色鲜绿,花香扑鼻,反之则叶片高瘦、疲软,叶色枯黄,甚至不开花。

【精彩赏析】

1. 花言草语

中国水仙:多情、想你。

西洋水仙:期盼爱情、爱你、纯洁。

黄水仙:重温爱情。

山水仙:美好时光、欣欣向荣。

2. 传奇故事

纳西塞斯是希腊神话里的美少年。他的父亲是河神,母亲是仙女。纳西塞斯出生后,母亲得到神谕:纳西塞斯长大后,会是天下第一美男子。然而,他会因为迷恋自己的容貌,郁郁而终。为了逃避神谕的应验,纳西塞斯的母亲刻意安排儿子在山林间长大,远离溪流、湖泊、大海,为的是让纳西塞斯永远无法看见自己的容貌。纳西塞斯如母亲所愿,在山林间平安长大,而他亦如神谕所料,容貌俊美非凡,成为天下第一美男子,见过他的少女,无不深深地爱上他。然而,纳西塞斯性格高傲,没有一位女子能得到他的爱。他只喜欢整天与伙伴在山林间打猎,对于倾情于他的少女不屑一顾。

山林女神厄科对纳西塞斯一见钟情,但是苦于不能表达自己的感情,只能简单地重复别人的话音,纳西塞斯对她的痴情不理不睬。纳西塞斯的铁石心肠使她伤透了心,她请求爱情女神阿弗洛狄忒惩罚他,让他承受痛苦的熬煎。

纳西塞斯的冷面石心,伤透了少女的心,报应女神娜米西斯看不过眼,决定教训他。一天,纳西塞斯在野外狩猎,天气异常酷热,不一会儿,他已经汗流浃背。就在这时,微风吹来,渗着阵阵清凉,他循着风向前走。逛着逛着,迎面而来的是一个水清如镜的湖。湖对纳西塞斯来说,是陌生的。纳西塞斯走过去,坐在湖边,正想伸手去摸一摸湖水,试试那是一种怎样的感觉,谁知当他眼神在平滑如镜的湖面时,看见一张完美的面孔,不禁惊为天人。纳西塞斯心想:这美人是谁呢?真漂亮呀。凝望了一会儿,他发觉,当他向水中的美人挥手,水中的美人也向他挥手;当他向水中的美人微笑,水中的美人也向他微笑;但当他伸手去触摸那美人,那美人便立刻消失了;当他把手缩回来,不一会儿,那美人又再出现,并情深款款地看着他。纳西塞斯当然不知道浮现湖面的其实就是自己的倒影,他竟然深深地爱上了自己的倒影。为了不愿失去湖中的人儿,他日夜守护在湖边,日子一天一天地过去,纳西塞斯还是不寝不食,不眠不休地待在湖边,甘心做他心中美人的守护神。他时而伏在湖边休息,时而绕着湖岸漫行,但目光始终离不开水中的倒影,永远是目不转睛地凝望湖面。最后,神谕还是应验了,纳西塞斯因为迷恋自己的倒影,坐死在湖边。

仙女们知道这件事后,伤心欲绝,赶去湖边,想把纳西塞斯的尸体好好安葬。但纳西塞斯惯坐的湖边,除了长着一丛奇异的小花外,空空如也。原来爱神怜惜纳西塞斯,把他化成水仙,盛开在有水的地方,让他永远看着自己的倒影。那丛奇异的小花,清幽脱俗而高傲孤清,甚为美丽。为了纪念纳西塞斯,仙女们就把这种花命名为水仙花。

3. 诗歌欣赏

水仙花

(近代)秋瑾

洛浦凌波女,临风倦眼开。

瓣疑是玉盏,根是谪瑶台。

嫩白应欺雪,清香不让梅。

余生有花癖,对此日徘徊。

【功能应用】

1. 在园林绿化上的应用

水仙花独具天然丽质,芬芳清新,素洁幽雅,超凡脱俗。自古以来,人们就将其与兰花、菊花、菖蒲合称为花中"四雅";又将其与梅花、茶花、迎春花合称为雪中"四友"。水仙花适宜放在客厅、书房和卧室,只要一碟清水、几粒卵石,水仙花就能在万花凋零的寒冬腊月展翠吐芳,营造出一种春意盎然、祥瑞温馨、恬静舒适的气氛。

2. 在社交礼仪上的应用

水仙是中国十大传统名花之一,每逢百花凋零的年尾岁首开花,它那亭亭玉立的秀姿,雪白晶莹的花朵,沁人心脾的芳香受到我国人民的喜爱,被人们视为辞旧迎新、吉祥如意的象征。人们用它庆贺新年,作"岁朝清供"的年宵花。

3. 在经济领域里的应用

水仙鳞茎内含有生物碱,可入药,主治腮腺炎、痈疖疔毒初起、红肿热痛等症,还有一定抗癌作用,但有毒性,应慎用。水仙花的鲜花含芳香油,提炼后可调制高级香精,用于香水、香皂及其他化妆品中。此外,福建漳州水仙作为传统的出口商品,远销海外。

3.11　太平花

【身份信息】

名　称	太平花(图50)
学　名	*Philadelphus pekinensis*
别　称	白花结、山梅花
科属名	虎耳草科,山梅花属
分　布	中国北部及西部,朝鲜亦有分布
备　注	河北省省花

【鉴别特征】

1. 形态特征

太平花为丛生灌木,高达2m。树皮栗褐色,薄片状剥落;小枝光滑无毛,长带紫褐色。叶卵状椭圆形,长3~6cm,三主脉,先端渐尖,缘疏生小齿,通常两面无毛,或有时背面腺腋有簇毛;叶柄带紫色。花乳白色,有清香。花期为6月,果熟期在9~10月。

2. 生活习性

太平花生长于海拔1 500m以下山坡、林地、沟谷或溪边向阳处。

太平花喜光,稍耐阴,较耐寒,耐干旱,怕水湿,水浸易烂根,亦能生长在向阳的干瘠土地上,不耐积水。太平花寿命长,可达百年以上。

【精彩赏析】

1. 花言草语

天下太平,人民生活幸福安康。

2. 传奇故事

九百多年前,四川人称太平花为"丰瑞花",《广群花谱》称其为"太平瑞圣花",清道光皇帝改称太平花,为珍品名卉,"似桃四出,千百苞骈萃成朵"。在宋朝以前,"丰瑞花"只生长于四川剑南一地。到了宋朝,"丰瑞花"作为贡品移植中原,并得宋仁宗赵祯赐名"太平瑞圣花"。北京种植的太平花,是金兵攻破汴梁后,从宋朝的御花园中移来的。从金朝到清嘉庆二十三年的几百多年间,只有西郊及清代的畅春园和圆明园中种着太平花,皇宫御花园未曾移植。

嘉庆二十四年(1819),"绛雪轩"前的海棠树枯死。道光三年(1823),道光帝奉嫡母钮禄氏之命,把畅春园中的太平花移了一部分种到故宫"绛雪轩"前,道光帝还为此发了一道上谕。在此之前,因嘉庆皇帝死后的"庙谥"为"仁宗睿皇帝",其中睿字与瑞字同音,"瑞圣"二字有影射嘉庆之嫌。因此,道光下令将"太平瑞圣花"中的"瑞圣"二字取消,改称"太平花",此名一直沿用至今。

1860年,英法侵华,畅春园、圆明园中的太平花全被焚毁,只有长春园中幸存两丛。慈禧修颐和园时,将这两丛太平花移种到了排云门前。1900年,八国联军侵占北京,排云门前的太平花又遭浩劫,仅存一丛。1903年,慈禧第二次重修颐和园,又下令将故宫"绛雪轩"前的太平花移来一部分,补种到了排云门前。此后,慈禧、隆裕皇太后等常用太平花作礼品,赏赐各王公大臣,加之李莲英、小张德等总管太监偷挖私种,不少王公府第,官家私宅都种植了太平花,李莲英、小张德的宅院内也不例外。

3. 诗歌欣赏

太平花

(宋)陆游

扶床踉蹡出京华,头白车书未一家。

宵旰至今劳圣主,泪痕空对太平花。

【功能应用】

1. 在园林绿化上的应用

太平花芳香、美丽,花期持久,为优良的观赏花木,宜丛植于林缘、园路拐角和建筑物前,也可做自然式花篱或大型花坛的中心栽植材料。

2. 在社交礼仪上的应用

将太平花栽植于公园、庭院,花期时做切花瓶插或用于制作节日花篮,象征"天下太平,人民生活幸福安康"。

3. 在经济领域里的应用

太平花根皮入药,活血止痛,用于治疗跌打损伤、腰肋疼痛。

3.12　天女花

【身份信息】

名　称	天女花(图51)
学　名	*Magnolia sieboldii*
别　称	小花木兰、天女木兰
科属名	木兰科,木兰属
分　布	我国东北辽宁及朝鲜、日本
备　注	辽宁省省花,本溪市市花

【鉴别特征】

1. 形态特征

天女花为落叶小乔木。叶宽椭圆形或倒卵状长圆形,长6~15cm,叶背有白粉,侧脉6~8对。花白色芳香,甚美丽,花被片9枚,外轮3片粉红色,其余均白色;花生枝顶,花柄颇长,盛开时随风飘荡,芳香扑鼻,宛如天女散花,故名天女花。花期在6月上旬至7月中旬,果熟期在9月上中旬。

2. 生活习性

天女花喜凉爽、湿润的环境和深厚、肥沃的土壤,适生于阴坡和湿润山谷,畏高温、干旱和碱性土壤。

【精彩赏析】

1. 花言草语

勤劳、善良。

2. 传奇故事

古时候,江西庐山有两户人家,一户有个男孩叫阿木,一户有个女儿叫阿兰。这两户人家男耕女织,狩猎捕鱼,过着和和美美的日子。一天,城里王府老爷出来巡猎,看中了阿兰的姿色,便差人抢进府里。阿木闻知,偷偷溜进王府院,带着阿兰一起逃跑,不幸被王府发觉,派人追赶。阿木和阿兰逃到浑江畔上的望江崖,见后有追兵,前无进路,被逼无奈,双双投身江底。他俩的父母把阿木和阿兰从江中打捞上来,葬在望江崖的丛林中。第二年春天,望江崖上的密林间长出了奇异的木本花树,雌雄同株,花香沁人,十里不绝。据说,这便是阿木和阿兰的化身。当地人们为纪念这对坚贞不屈的年轻人,给这棵花树起名为"天女木兰花"。

3. 诗歌欣赏

天女木兰赋

(当代)空谷幽兰

根植大山,香漫幽谷。名同女中豪杰,品若世外仙姝。稀为奇卉,别域沃野少寻;贵奉市花,本溪东隅独俊。

美哉!玉树婷婷,娆花淡淡。洁白溢韵,素雅流辉。花若琼杯,盛托丹芯一点;叶如碧卵,摇衬雪瓣千堆。冰肌玉魂,绿翠白皎。朴纯且不俗,纤丽而不妖。因具兰品,德花尤美;虽无艳色,天女亦娇。

幽哉!乐在深山,保全一分宁静;幽居肃谷,离却万丈红尘。虽空冷而不萎缩,倘无人亦自菲芬。姿挺幽芳,品标清骨。朴质无华,洁身自好。持君子谦风,不与群芳斗艳;秉佳人素性,鄙向闹市招摇。

香哉!一香足压千红,百蝶遍飞五岭。只为木兰馨重,博得求者意浓。飘逸幽远,持久弥长。桃李繁盛之时,汝虽寂寞;雪霜掠袭之后,依尚留香。

壮哉!品冠香祖,韵登花王。以超凡脱俗之品,勇夺市卉;赖漱玉沁芳之馨,入制膏香。填国家剂料空白,增本市经济效益。真乃阆苑之宠儿,山城之骄子!

噫吁乎!天女木兰之风韵,凝本溪之精神,蕴市人之品格矣!

【功能应用】

1. 在园林绿化上的应用

天女花株形美观,枝叶茂盛,花色美丽,具长花梗,随风招展,犹如天女散花,为著名的庭园观赏树种,可孤植或丛植于公园、街道、风景游览区。

2. 在社交礼仪上的应用

天女花是观叶、观花、观果、芳香兼备的珍稀观赏树种,是勤劳、善良的象征花,目前处于野生状态,其在社交礼仪上的应用尚待开发。

3. 在经济领域里的应用

天女花花朵冰清玉洁,香味醇厚致远,其花、叶、茎可提炼高级香料,具有极高的经济值,可广泛用于食品、化工、医药、卷烟、糖果、化妆品等,是增香剂制品较好的原料。天女花的花朵和树枝含厚朴酚,具有美白肌肤效果。

3.13   榆树梅

【身份信息】

名　称	榆树梅(图52)
学　名	*Amygdalus triloba*
别　称	榆叶梅、小桃红、榆叶鸾枝
科属名	蔷薇科,桃属
分　布	原产中国北部,现今各地都有分布
备　注	山西省省花

【鉴别特征】

1. 形态特征

榆树梅为落叶灌木,高3~5m,小枝细,无毛或幼时稍有柔毛。叶椭圆形至倒卵形,长3~6cm,单叶互生,其基部呈广楔形,端部三裂,边缘有粗锯齿。花单生,花梗短,紧贴生在枝条上,初开多为深红,渐渐变为粉红色,最后变为粉白色,先叶开放,有单瓣、重瓣和半重辩之分;花期为3~4月,7月结果(单瓣品种),红色,球形。

2. 生活习性

榆树梅性喜光,耐寒、耐旱,对轻度碱土能适应,但不耐水涝。

【精彩赏析】

1. 花言草语

春光明媚、花团锦簇和欣欣向荣。

2. 诗歌欣赏

榆叶梅

(当代)郭殿文

长恨北地无梅花,老榆遭枝绽年华。

敢向天下首艳美,冰雪塞外春色夸。

【功能应用】

1. 在园林绿化上的应用

榆树梅枝叶茂密,花繁色艳,是中国北方春季园林中的重要观花灌木,有较强的抗盐碱能力,在园林中大量应用,宜植于公园草地、路边,或庭园中的墙角、池畔等。如将榆树梅植于常绿树前,或配植于山石处,则能产生良好的观赏效果。榆树梅孤植、丛植或列植为花篱,景观极佳。

2. 在社交礼仪上的应用

榆树梅可做盆栽或做切花应用,以反映春光明媚、花团锦簇的欣欣向荣景象。

3. 在经济领域里的应用

榆树梅种子含有苦杏仁甙、脂肪油、皂甙等,性平,味辛、苦、甘,润燥滑肠、下气、利水,用于治疗津枯肠燥、食积气滞、腹胀便秘、水肿、脚气、小便不利等。

3.14　紫荆花

【身份信息】

名　称	紫荆花(图53)
学　名	*Bauhinia blakeana*
别　称	红花羊蹄甲、洋紫荆、红花紫荆、艳紫荆、香港樱花、香港紫荆花
科属名	苏木科,羊蹄甲属
分　布	湖北西部、辽宁南部、河北、陕西、河南、甘肃、广东、云南、四川
备　注	香港特别行政区区花,湛江市市花

【鉴别特征】

1. 形态特征

紫荆花为常绿小乔木,高达10m。单叶互生,革质,阔心形,长9~13cm,宽9~14cm;先端2裂深约为全叶的1/3左右,似羊蹄状。总状花序,花大,盛开的花直径几乎与叶相等,花瓣5枚,鲜紫红色,间以白色脉状彩纹,中间花瓣较大,其余4瓣两侧对称排列,花极清香。

2. 生活习性

紫荆花喜肥沃、酸性、排水良好的土壤,不耐淹;萌蘖性强,耐修剪;喜光,喜暖热湿润气候,不耐寒。

【精彩赏析】

1. 花言草语

亲情、兄弟和睦。

2. 传奇故事

传说南朝时,田真与兄弟田庆、田广三人分家,当财产分置妥当时,才发现院子里还有一株枝叶扶疏、花团锦簇的紫荆花树不好处理。当晚,兄弟三人商量将这株紫荆花树截为三段,每人分一段。第二天清早,兄弟三人前去砍树时发现,这株紫荆花树枝叶已全部枯萎,花朵也全部凋落。田真见此状不禁对两个兄弟感叹道:"人不如木也。"后来,兄弟三人又把家合起来,并和睦相处。那株紫荆花树好像颇通人性,也随之恢复了生机,且生长得枝繁叶茂。

陆机为此赋诗:"三荆欢同株,四鸟悲异林。"李白感慨道:"田氏仓促骨肉分,青天白日摧紫荆。"

3. 诗歌欣赏

见紫荆花

(唐)韦应物

杂英纷已积,含芳独暮春;

还如故园树,忽忆故园人。

【功能应用】

1. 在园林绿化上的应用

紫荆花树冠雅致,花大而艳丽,叶形如牛、羊之蹄甲,极为奇特,是热带、亚热带观赏树种之佳品,宜作行道树、庭荫风景树。

2. 在社交礼仪上的应用

紫荆花是香港特别行政区区花,中央人民政府向特区政府赠送的礼品《永远盛开的紫荆花》大型雕塑,高6m,重70t,用青铜铸造,典雅大方,寓意深长,坐落在香港会展中心新翼的海边,已成为香港的标志之一,寓意中央政府希望内地与香港就像紫荆花一样和睦、骨肉情深,永久地在一起,不被任何困难分离。

3. 在经济领域里的应用

紫荆花、树皮和果实均可入药,具有清热凉血、祛风解毒、活血通经、消肿止痛等功效,可治疗风湿骨痛、跌打损伤、风寒湿痹、闭经、蛇虫咬伤、血气不和、狂犬等病症。此外,树皮含单宁,可用作鞣料和染料,木材纹理直,结构细,可供家具、建材用。

第四章　市花鉴赏与应用

4.1　刺　桐

【身份信息】

名　称	刺桐(图54)
学　名	*Erythrina variegata*
别　称	木本象牙红、海桐
科属名	豆科,刺桐属
分　布	原产亚洲热带地区,我国福建、广东、广西、海南、台湾、浙江、贵州、四川、江苏等地均有栽培
备　注	泉州市市花

【鉴别特征】

1. 形态特征

刺桐为落叶乔木,高和冠幅均可达10m,分枝粗壮,铺展。树皮灰色,有圆锥形刺。羽状三出叶,互生,膜质,平滑,幼嫩时有毛,小叶3枚,顶部1枚宽大于长。叶柄长,有托叶,基部各有一对腺体。先花后叶,早春枝端抽出总状花序,长15cm,花大,蝶形,密集,有橙红、紫红等色。荚果壳厚,念珠状,种子暗红色。花期在3~5月,果期为9~10月。

2. 生活习性

刺桐性强健,萌发力强,生长快,开花时新梢可长达1.5m,花序长达50cm,喜温暖湿润、光照充足的环境,耐旱也耐湿,喜肥沃排水良好的砂壤土,不甚耐寒。

【精彩赏析】

1. 花言草语

吉祥如意。

2. 传奇故事

很久很久以前,在阿根廷境内,有许多地区常遭水灾,可是说也奇怪,只要有刺桐的地方,就不会被洪水淹没。因此,人们就把刺桐看成是保护神的化身,四处广为栽培。每年元旦,阿根廷人都要将许多新鲜的刺桐花瓣撒向水面,然后跳入水中,用这些花瓣搓揉自己的身体,以表示去掉以往的污垢,得到新年的好运。

3. 诗歌欣赏

刺桐花

(清)王毅

南国清和烟雨辰,刺桐夹道花开新。
林梢簇簇红霞烂,暑天别觉生精神。
秾英斗火欺朱槿,栖鹤惊飞翅忧烬。
直疑青帝去匆匆,收拾春风浑不尽。

【功能应用】

1. 在园林绿化上的应用

刺桐适合单植于草地或建筑物旁,可供公园、绿地及风景区美化,又是公路及城市街道的优良行道树。

2. 在社交礼仪上的应用

在我国某些地方的旧俗里,人们曾以刺桐开花的情况来预测来年收成。如果头年花期偏晚,且花势繁盛,那么就认为来年一定会五谷丰登,六畜兴旺。还有一种说法是刺桐每年先萌芽后开花,则其年丰。所以,刺桐又名"瑞桐",代表着吉祥如意。

3. 在经济领域里的应用

刺桐树叶、树皮和树根可入药,有解热和利尿的功效,治疗风湿麻木、腰腿筋骨疼痛、跌打损伤等症,此外对横纹肌有松弛作用,对中枢神经有镇静作用。刺桐木材白色而质地轻软,可制造木屐或玩具。

4.2 凤凰木

【身份信息】

名　称	凤凰木(图55)
学　名	*Delonix regia*
别　称	凤凰花、火树、金凤
科属名	豆科,凤凰木属
分　布	中国南部及西南部、马达加斯加及世界各热带地区
备　注	汕头市市花

【鉴别特征】

1. 形态特征

凤凰木为落叶大乔木,高10~20m,胸径可达1m。树形为广阔伞形,分枝多而开展。树皮粗糙,灰褐色。小枝常被短绒毛并有明显的皮孔。二回羽状复叶互生,长20~60cm,有羽片15~20对;羽片长5~10cm,有小叶20~40对;小叶密生,细小,长椭圆形,全缘,顶端钝圆,基部歪斜,长4~8mm,宽2.5~3mm,薄纸质,叶面平滑且薄,青绿色,中脉明显,两面被绢毛。冬天落叶时,数不胜数的小叶如雪花飘落。总状花序伞房状,顶生或腋生,长20~40cm。花大,直径7~15cm。花萼和花瓣皆5片。花瓣红色,下部四瓣平展,长约8cm,第五瓣直立,稍大,且有黄及白的斑点,雄蕊红色。花萼内侧深红色,外侧绿色。花期为5~8月。凤凰木的根部有根瘤菌共生,为了适应多雨的气候,树干基部有板状根出现。

2. 生活习性

凤凰木为热带树种,种植6~8年开始开花,喜高温多湿和阳光充足环境,生长适温20℃~30℃,不耐寒,冬季温度不低于5℃。凤凰木以深厚肥沃、富含有机质的沙质壤土为宜,怕积水,排水须良好,较耐干旱,耐瘠薄土壤。凤凰木浅根性,但根系发达,抗风能力强。

【精彩赏析】

1. 花言草语

别离、思念、火热青春。

2. 传奇故事

很久很久以前,在一片荒岛上,有一个湖,水清而深,清得能看见湖底,深得足有三米多。荒岛上住着一些人,他们都住在一个黑暗又阴森的山洞里。他们身着树皮、绿叶,到田里挖野菜,小河里抓小鱼吃,日子过得非常艰难。

有一天,有一只凤凰从这片荒岛上经过,它有着五彩的羽毛,全身金光四射。它看到人们生活很艰苦,就下决心想帮助这些人,想完,它就长鸣了三声。突然,天上的云裂开了,从缝里掉出了一包谷种、一把斧头、一把镰刀、一头耕牛和一台织布机。她把这些东西送给人们,并教他们耕田、纺纱织布、建造房屋,让人们过上幸福的日子。

可是,好景不长,灾难一步一步地向人们降临。在这田底下有一条蛇,经过修炼,变成了妖精,它看人们日子过得幸福就眼红了。它开始兴风作浪,让湖水淹没房子,人们死的死,伤的伤,逃的逃,忧愁笼罩着人们的心。凤凰鸟见此情景,就长鸣了几声,声音响彻云霄,水退了,一切又正常了。蛇精大怒,和她斗得你死我活,霎时间天昏地暗,电闪雷鸣。

过了几天,天亮了,蛇精死了,凤凰鸟也用尽了最后的力气,长眠于湖底。不久湖上升起了一块土地,上面长了几棵树,开满了红花,人们称这种树叫凤凰木。

3. 诗歌欣赏

致凤凰树

(当代)秦志怀

你是否醉酒,我不知道
但你周身的血液,已胀满腮颊,涌上碧霄
谁说一树缤纷,在孤傲地炫耀
你是凤凰涅槃,含笑今朝

你的叶子,宛然长在我的臂上

一片一片,若飞凰的羽毛
你的花朵,好似开在我的心岸
一簇一簇,若凤冠在燃烧

矜持三月阳春,你不凑热闹
但待百花凋零,你欣然驾到
将血的温煦,霞的灿烂,托向云天
以火的热烈,点燃周身每一个细胞

比映山红更红,红得让人心跳
比山丹丹更艳,艳得让人倾倒
你凌空欢呼,解开赤诚的怀抱
把六月点着,让七月燃烧

我的心,也蹿起了灼灼火苗
我六月的梦乡,飞出了一只金色的火鸟
尽管梦里醒来,风吹落红,一地羽毛
但我,愿为你张扬的个性喝彩,为你羽化的精魂
祈祷

【功能应用】

1. 在园林绿化上的应用

凤凰木作为行道绿化树在夏季具有降温增湿的效应,是绿化、美化和香化环境的风景树。

2. 在社交礼仪上的应用

凤凰木树冠宽大,花期花红叶绿,满树如火,富丽堂皇,叶如飞凰之羽,花若丹凤之冠,用于插花表达离别、思念和火热青春的寓意。

3. 在经济领域里的应用

凤凰木根系有固氮根瘤菌,可节省肥料的施用,增加土壤肥力。每年落叶量比较大,以胸径7~8cm的树木为例,每年落叶约3.1kg,为土壤提供良好的覆盖物,起到保湿保温、增加土壤有机质含量、改良土壤

结构的作用。另外,其木质致密,质轻有弹性,可作为家具、板材、造纸原料。

凤凰木平肝潜阳,主治肝阳上亢、高血压、头晕、目眩、烦躁等症。花和种子有毒,误食后有头晕、流涎、腹胀、腹痛、腹泻等症状。同时,其花的水提取物有灭蛔虫作用。

4.3 红檵木

【身份信息】

名 称	红檵木(图56)
学 名	*Loropetalum chindense var.rubrum*
别 称	红桎木、红继木
科属名	金缕梅科,檵木属
分 布	长江中下游以南,北回归线以北地区
备 注	株洲市市花

【鉴别特征】

1. 形态特征

红檵木为常绿灌木或小乔木,小枝有褐锈色星状毛。叶革质,卵形,长2~5cm,宽1.5~2.5cm,顶端锐尖,基部钝,不对称,全缘,下面密生星状柔毛。花3~8朵簇生;花瓣4,红色,条形,长1~2cm;雄蕊4;子房半下位,花柱2,极短。蒴果木质,有星状毛,2瓣裂开。

2. 生活习性

红檵木喜排水良好、光照充足、土层深厚肥沃的地区。

【精彩赏析】

1. 花言草语

发财,幸福,相伴一生。

2. 传奇故事

相传,在安徽省黄山市龙门乡,有棵古老而苍劲的檵木,号称檵木王。檵木本是灌木或小乔木,但此树却高一丈七八,主干粗五尺余,树弯伸出几股枝丫,有如一年老长者,撒开袍服,护着东西4丈许、南北5丈许的一块地面。

想当年,乾隆下江南,皇子和纪晓岚随行。经太平时,皇子进山打猎,在龙门岭遇盗,皇子负伤,逃至米兰坑,昏倒在檵木树下。檵木王展开浓枝密叶,护罩皇子,使不被人发现,不被露水打湿,同时从嫩叶流出仙液,滴进皇子口中,让皇子复苏,有了生气。同时,檵木王将皇子情况托梦给乾隆,乾隆命纪晓岚带领人马,按檵木王托梦的方向寻找,果见古朴慈祥的檵木树下,正坐着皇子。纪晓岚诉说檵木托梦一事,皇子也感激檵木庇护、救命之情。纪晓岚于是亲手把乾隆所赐黄幢伞给檵木戴上,恭祝檵木万古长寿。

【功能应用】

1. 在园林绿化上的应用

红檵木为常绿植物,新叶鲜红色,不同株系成熟时叶色、花色各不相同,叶片大小也有不同,在园林应用中主要考虑叶色及叶的大小两方面因素带来的不同效果。

红花檵木常年叶色鲜艳,枝盛叶茂,特别是开花时瑰丽奇美,极为夺目,是花、叶俱美的观赏树木,常用于色块布置或修剪成球形。

2. 在社交礼仪上的应用

红檵木是制作盆景的好材料,寓意发财和生活幸福;赠送情人表达相伴一生的美好愿望。

3. 在经济领域里的应用

小叶型的红檵木适宜于盆景制作,一方面因其枝叶分布均匀一致,有利于绑扎造型;另一方面生长相对较缓,修剪量小,可减少修剪次数,便于维持枝叶均匀、整齐,可赏花、观叶。这类盆景观赏效果好,观赏期长,经济效益明显。

4.4 红 柳

【身份信息】

名　称	红柳(图57)
学　名	*Tamarix ramosissima*
别　称	柽柳、多枝柽柳
科属名	柽柳科,柽柳属
分　布	阿富汗、伊朗、土耳其、蒙古、俄罗斯及欧洲东部,在我国新疆、甘肃、内蒙古等地广泛分布
备　注	格尔木市市花

【鉴别特征】

1. 形态特征

红柳为灌木或小乔木,通常高2~3m,多分枝,枝紫红色或红棕色。叶披针形、卵状披针形或三角状披针形,先端锐尖,略内弯。总状花序生于当年枝上,长2~5cm,宽3~5mm,组成顶生的大型圆锥花序,苞片卵状披针形,花梗短;萼片5,卵形;花瓣5,倒卵形,淡红色或紫红色,花盘5裂;雄蕊5;花柱3,棍棒状。蒴果长圆锥形,3瓣裂。种子顶端簇生柔毛。

2. 生活习性

红柳耐旱、耐热,对沙漠地区的干旱和高温有很强的适应力。红柳为喜光灌木,不耐荫蔽。红柳喜低湿而微具盐碱的土壤,在土壤含盐量0.5%~0.7%的盐渍化土壤上能很好生长,但在土壤表层0~40cm含盐量2%~3%的盐土上生长不良。红柳对流沙适应能力差,在高大流沙丘上栽植,亦生长不良。红柳主要生长在干旱地区的湖盆边缘和河流沿岸,成为盐化低地及其上沙丘群上的一种建群植物,群落覆盖度40%~70%,伴生植物种随生境条件有很大差别。

【精彩赏析】

1. 花言草语

顽强、坚毅。

2. 传奇故事

在很久以前,杨和柳生活在潺潺如琴音般的流水声中,他们相互打情骂俏,相互依偎关怀。杨为柳遮风挡雨,柳为杨揉肩捶背;杨为柳轻拭头顶的黄叶,柳为杨抚慰身躯的创伤。他们相爱着,爱的是那么真,爱的是那么深,爱得是那么迷人,羡慕的花都为他俩开了,羡慕的鸟儿都为他俩歌唱着,羡慕的牛羊调皮的围绕在他们的身边……所有的一切生灵都尊称他们为幸福的榜样。

可是过了不知多少年,也不知什么原因,河水干涸了,狂风携带着沙石席卷而来,杨和柳的枝条都相继枯萎、脱落。杨怒吼着,乏力的抵御着风沙,对柳的关爱也逐日减少;柳也被风沙击打得遍体鳞伤,也失去了往日对杨的疼爱,相互的迷恋似乎成了一种奢望。

又过了不知多少年,堆积在杨和柳之间的沙越来越高了,渐渐地拉长了杨和柳之间的距离,连相互看一眼都成了奢望,此时的杨像一个上了岁数的老者,腰弯了,枝扭曲了,显得格外的苍凉;而柳也失去了往日的纤细身材,而变得肌肤粗糙。但在他们内心深处,双方都认为:日子虽苦,爱却没有变,变的是环境,变的是方式,变的是责任和成熟,爱才是他们永不迷失的载体。

你看,杨此时已经变成了胡杨,造就了“千年不死,死而千年不朽”的爱情理念。你再看柳,她也变成了红柳,风韵优雅的纤腰已经变得柔中带刚,穿一身永不褪色的红色外衣,向远方的胡杨招手。

如今,胡杨和红柳都成长为治沙勇士,是沙漠中最完美的生命,是沙漠中最美丽的风景线。

3. 诗歌欣赏

致红叶醉秋姐姐

(当代)蒋红岩

红柳摇风锦绣文,叶飘纷落杏花村。

醉吟诗骨词魂瘦,秋水无痕空照人。

【功能应用】

1. 在园林绿化上的应用

红柳主要用于沙漠、盐碱地营造农田防护林和固沙林。

2. 在社交礼仪上的应用

红柳，生命力极强，不论是湿地盐碱滩，还是沙漠荒原，它都能以坚韧的根基固守身边的土地，茁壮成长，有"英雄树"的美誉。用其制作盆景，枝细而柔、微风吹拂、婆娑起舞、惹人喜爱，寓意"艰苦奋斗、自强不息、求真务实、开拓创新"的"红柳精神"，可以激励人们艰苦奋斗，不屈不挠，向着美好的未来奋进！

3. 在经济领域里的应用

红柳是我国干旱地区养驼业重要的饲料。在春夏季节，骆驼喜食其嫩枝。红柳的嫩枝叶富含无氮浸出物和灰分，粗蛋白质含量中等，8种必需氨基酸总量占其干物质的4%，大体同玉米中所含者相仿，而粗纤维含量较低。

高寒的自然气候，使高原人很容易患风湿病，红柳春天的嫩枝和绿叶是治疗这种顽症的良药，使多少人摆脱了病痛的折磨。因此，藏族老百姓又亲切地称她为"观音柳"和"菩萨树"。

4.5 黄刺玫

【身份信息】

名　称	黄刺玫(图58)
学　名	*Rosa xanthina*
别　称	刺玖花、黄刺莓、破皮刺玫、刺玫花
科属名	蔷薇科，蔷薇属
分　布	我国东北、华北及西北地区
备　注	阜新市市花

【鉴别特征】

1. 形态特征

黄刺玫为直立灌木,高2~3m;小枝无毛,有散生皮刺,无针毛。奇数羽状复叶,小叶7~13枚,宽卵形或近圆形,稀椭圆形,边缘有圆钝锯齿,上面无毛,幼嫩时下面有稀疏柔毛,逐渐脱落;叶轴、叶柄有稀疏柔毛和小皮刺;托叶条状披针形,大部分贴生于叶柄,离生部分呈耳状,边缘有锯齿和腺毛。花单生于叶腋,单瓣或重瓣,无苞片,花梗无毛;萼筒、萼片外面无毛,萼片披针形,全缘,内面有稀疏柔毛;花瓣黄色,宽倒卵形;花柱离生,有长柔毛,比雄蕊短很多。蔷薇果近球形或倒卵形,紫褐色或黑褐色,无毛。萼片于花后反折。

2. 生活习性

黄刺玫喜光,稍耐阴,耐寒力强;对土壤要求不严,耐瘠薄,以疏松、肥沃土地为佳,在盐碱土中也能生长。

【精彩赏析】

1. 花言草语

自强不息,顽强拼搏的精神;希望与你泛起激情的爱。

2. 传奇故事

黄刺玫是阜新市的市花,最高可达三米左右,黄花绿叶,绚丽多姿,当桃李争相斗艳之后,它独放异彩。在阜新地区,每年五月中旬前后开花,花期持续二十余天。盛花时,花满枝梢,绚丽多姿,如锦似绣,浓香袭人,确有"朵朵精神叶叶柔,雨晴香拂醉人头"的情趣。黄刺玫美,美在质朴,她不嫌弃家乡的土壤瘠薄,不嫌弃辽西的风沙干旱,就像几百万阜新儿女一样,以她顽强的生命力执著地深爱着生她养她的母亲;黄刺玫美,美在外观,需要你走近去认认真真地欣赏她;黄刺玫美,美在内里,需要你走近去认认真真地品味她。

3. 诗歌欣赏

黄刺玫

(当代)春梦未醒

锯齿形的绿叶

绣出金黄的脸庞

在这激情的日子
你不慌不忙地开放

向日葵的花瓣
探戈春天的波浪
在繁华似锦的花园
你开办盛大的舞场

你举手投足
染就金色的目光
你一笑一颦
沉醉一身的芳香

我张开喉咙
要为你高声伴唱
我伏下笔墨
把你贴在我的心房

【功能应用】

1. 在园林绿化上的应用

黄刺玫是北方春末夏初的重要观赏花木,开花时一片金黄,鲜艳夺目,且花期较长。黄刺玫可作保持水土的园林绿化树种,可丛植,可作花篱。

2. 在社交礼仪上的应用

黄刺玫有希望与你泛起激情的爱之意,所以送黄刺玫是不错的告白求爱方式。将充满爱意的黄刺玫花束送给她,不仅体面、浪漫,而且含蓄,可以避免尴尬。

3. 在经济领域里的应用

黄刺玫果实可食用或制果酱;花可提取芳香油;花、果药用,能理气活血、调经健脾。

4.6 君子兰

【身份信息】

名　称	君子兰(图59)
学　名	*Clivia miniata*
别　称	大花君子兰、大叶石蒜、剑叶石蒜、达木兰
科属名	石蒜科,君子兰属
分　布	原产非洲南部,英国、美国栽培普遍,中国长春市温室栽培较为成功
备　注	长春市市花

【鉴别特征】

1. 形态特征

君子兰为多年生草本花卉,肉质根粗壮,茎分根茎和假鳞茎两部分。聚伞花序,着生小花10~60朵。君子兰的根为乳白,十分粗壮,很有肉质感。君子兰叶片宽阔呈带形,质地硬而厚实,并有光泽及脉纹,从根部短缩的茎上呈二列迭出。

2. 生活习性

君子兰原产于非洲南部,生长于树下,所以它既怕炎热又不耐寒,喜欢半阴而湿润的环境,畏强烈的直射阳光,生长的最佳温度在18~22℃,5℃以下或30℃以上,生长受抑制。君子兰喜欢通风的环境,喜深厚肥沃疏松的土壤,适宜室内培养。

【精彩赏析】

1. 花言草语

高贵,丰盛,有君子之风。

2. 传奇故事

君子兰原产南非,1823年被英国人鲍威尔等人发现,带回英国,这是一种垂笑君子兰,栽植在英格兰北部诺森伯兰郡的克来夫公爵夫人的豪华花园里。1828年,由植物学家约翰·林德勒依据国际植物命名法规,用拉丁文将其命名为ClivianobilisLindl,其中"Clivia"是克来夫公爵夫人名字的拉丁化语言，"nobilis"是"高尚、文雅"的意思，"Lindl"是林德勒拉丁文的缩写。这是世界通用的植物命名方法，即由属名、加词、命名人三部分组成。同时，林德勒还指出了其植物学特征。

1854年，君子兰由欧洲引入日本，其名是东京理科大学教授大久保三郎根据英文名称的意思取的，中国沿用此名。由于它花朵较小且下垂，故又称"垂笑君子兰"。目前这种君子兰已很少栽培，取而代之的是花朵较大又向上开放的大花君子兰。它是在20世纪初从欧洲传入日本的，其学名为Cliviaminiata Regei，其中"miniata"的意思是朱红色，即它的花是朱红色。因为君子兰是石蒜科植物，叶形似箭，故又称"箭叶石蒜"。

君子兰是在20世纪二三十年代分两个渠道传入中国的。一个是由德国传教士带入青岛的；另一个是1932年日本扶持溥仪在东北建立伪满洲国时，为庆祝所谓的"开国庆典"，由日本国内带来的。当时作为珍贵花卉的君子兰只供少数日本人和傀儡政权的上层人物欣赏，普通百姓根本看不到。

1942年，溥仪的爱妃谭玉玲亡故，尸体盛殓于护国般若寺，其灵前摆放一盆由伪宫中送去的君子兰，谭玉玲下葬后，不知什么原因这盆君子兰没被收回宫中，便被护国般若寺的和尚普明养了起来，这就是君子兰著名的早期品种"和尚"。

1945年，日本无条件投降，伪满洲国傀儡政权垮台，君子兰开始走入民间。当时只有两盆君子兰保存了下来，一盆是宫廷花工张友悌从伪皇宫中带出来的，后送给了长春公园，为庆祝抗日战争的伟大胜利，就把这盆君子兰命名为"大胜利"；另一盆是由伪宫廷厨师保存下来的，后为长春东兴染厂经理陈国兴所收藏，故被称为"染厂"。

由于君子兰是虫媒花，必须经过昆虫传粉才能结种子，人们刚开始栽培时不了解其习性，因此很难采收到种子，一直靠分株的方法进行繁殖。此法不仅繁殖系数低，而且除自然芽变外，很难有新品种产生。

20世纪60年代初，经过人们的不断探索，终于掌握了人工授粉技术，并有目的地进行杂交组合，以培育新品种，"黄技师""油匠"等品种就是这个时期产生的。80年代君子兰热及全国，又有"腊膜花脸""短叶""圆头""花脸和尚""短叶圆头和尚""花脸短叶"等新品种问世,以上品种均被称为"国兰"。到了90年代,辽宁鞍山的君子兰爱好者又用新引进的日本君子兰与当地的品种反复杂交,培育出了"鞍山兰""横兰""雀兰"等新品种,其叶更短、更宽,叶面更光亮,脉纹更清晰,株形也更美观,并能在高温炎热的南方地区栽培。

3. 诗歌欣赏

无题

(清)郑板桥

遒劲婀娜两相宜,群卉群芳尽弃之。

春夏秋时全不变,雪中风味更清奇。

【功能应用】

1. 在园林绿化上的应用

君子兰是大自然的精华,万花丛中的奇葩。大花君子兰,株形端庄优美,叶片苍翠挺拔,花大色艳,果实红亮,叶花果并美,有一季观花、三季观果、四季观叶之称。君子兰可以吸收二氧化碳和放出氧气,还能吸收尘埃。

2. 在社交礼仪上的应用

君子兰具有常年翠绿,耐阴性最强,适合室内莳养等特性,是装饰厅、堂、馆、所的理想植物,是美化公园的佳品。它被人们誉为是有生命的工艺品和"金钱花",可用来美化居室。

3. 在经济领域里的应用

君子兰体积小,单株价值高;气候相宜,易栽易活,在业余时间便可莳养好;活力旺盛,销售不受时间限制,四季均可。

君子兰叶片和根系中提取的石蒜碱,不但有抗病毒作用,而且还有抗癌作用,可用于治疗胃癌、肝癌、食道癌、淋巴癌、肺癌,还可用于各种类型中毒的催吐剂。

4.7 琼 花

【身份信息】

名　　称	琼花(图60)
学　　名	*Viburnum macrocephalum*
别　　称	木绣球、聚八仙花、蝴蝶花、牛耳抱珠
科属名	忍冬科,荚蒾属
分　　布	四川、甘肃、江苏、河南、山东以南等地
备　　注	扬州市市花

【鉴别特征】

1. 形态特征

琼花为落叶或半常绿灌木。枝广展,树冠呈球形。叶对生,卵形或椭圆形,边缘有细齿,背面疏生星状毛。聚伞花序周围是白色大型的不孕花,中部是可孕花。核果椭圆形,先红后黑。花期为4月,果期在10~11月。一般4~5月开花,花大如盘,洁白如玉,晶莹剔透。

2. 生活习性

琼花喜光,略耐阴;喜温暖湿润气候,较耐寒;宜在肥沃、湿润、排水良好的土壤中生长。琼花生长势旺,萌芽力、萌蘖力均强,种子有隔年发芽的习性。

【精彩赏析】

1. 花言草语

大方、魅力无限。

2. 传奇故事

琼花是我国的千古名花。宋朝的张问在《琼花赋》中描述它是"俪靓容于茉莉,笑玫瑰于尘凡,惟水仙可并其幽闲,而江梅似同其清淑"。其实,琼花之名本是泛指开着美丽花朵的花卉,后人将琼花作为某种特定花卉的名称,也许正是赞赏它花美似宝玉。至于将它作为某种特定的植物,名称始于何时,至今尚未有定论,但在北宋就这样称呼了。据北宋初著名文人王禹偁所作的《后土庙琼花诗·序》:"扬州后土庙有花一株,洁白可爱,且其树大而花繁,不知实何木也,俗谓之琼花。因赋诗以状其异。"可知琼花之名在王禹偁记叙之前已流传民间。继王禹偁之后,文人题咏越来越多,也越写越奇。韩琦作诗赞:"维扬一株花,四海无同类。"刘敞诗云:"东方万木竞纷华,天下无双独此花。"不但赞其美,还强调琼花是扬州独有。

3. 诗歌欣赏

答许发运见寄

(宋)欧阳修

琼花芍药世无伦,偶不题诗便怨人。

曾向无双亭下醉,自知不负广陵春。

【功能应用】

1. 在园林绿化上的应用

琼花枝叶婆娑,小果火红,常在园林绿化上作为花篱、花坛的材料,适宜堂前、亭际、墙下窗外和后庭、公园入口处栽植作配景,也可孤植于草坪及空旷地段,使其四面开展,体现树姿之美,或作为大型花坛的中心树。将它丛植或片植,与美丽山石配植一起,开花时似白雪皑皑,果期如火如荼,效果也不错。依古人"玉环飞燕原相敌"诗意,在园林布局上,将琼花与广玉兰种植一起,待两种花同时开放,既可欣赏名花风采,又能追想美人风姿,别具一格。

2. 在社交礼仪上的应用

琼花是我国特有的名花,文献记载唐朝就有栽培。它以淡雅的风姿和独特的风韵,以及种种富有传奇浪漫色彩的传说和逸闻逸事,博得了世人的厚爱和文人墨客的不绝赞赏,被称为"稀世的奇花异卉"和"中国独特的仙花",可以盆栽、插花供观赏。

3. 在经济领域里的应用

琼花花、枝、叶、果均可入药,具有通经络、解毒止痒的疗效,用于治疗疟疾、咽喉溃烂、皮肤瘙痒等症。

4.8 马 兰

【身份信息】

名　称	马兰(图61)
学　名	*Iris lactea*
别　称	马莲、马兰花、蠡实
科属名	鸢尾科,鸢尾属
分　布	广泛分布亚洲南部及东部
备　注	鄂托克前旗旗花

【鉴别特征】

1. 形态特征

马兰为多年生密丛草本。根状茎粗壮,木质,斜伸,外包有大量致密的红紫色老叶残留叶鞘及毛发状的纤维;须根粗而长,黄白色,少分枝。叶基生,坚韧,灰绿色,条形或狭剑形,顶端渐尖,基部鞘状,带红紫色,无明显的中脉。花茎光滑,高3~10cm;苞片3~5枚,草质,绿色,边缘白色,披针形,顶端渐尖或长渐尖,内包含有2~4朵花;花蓝色,直径5~6cm;花被管甚短,长约3mm,外花被裂片倒披针形,顶端钝或急尖,爪部楔形,内花被裂片狭倒披针形,爪部狭楔形;雄蕊长2.5~3.2cm,花药黄色,花丝白色;子房纺锤形,长3~4.5cm。蒴果长椭圆状柱形,有6条明显的肋,顶端有短喙;种子为不规则的多面体,棕褐色,略有光泽。花期为5~6月,果期在6~9月。

2. 生活习性

马兰是一种美丽神奇的荒漠化治理水土保持护坡植物,自然分布极广。马兰根系发达,抗性和适应性极强,不仅抗旱、抗寒、抗盐碱、耐践踏,而且具有极强的抗病虫害能力,非常适用于中国北方气候干燥、土壤沙化地区的水土保持和盐碱地的绿化改造。

【精彩赏析】

1. 花言草语

宿世的情人,爱的使者。

2. 传奇故事

从前,在马兰花开的日子,山下的王老爹来到山上拾柴火,为了给女儿摘一朵最好看的马兰花,不幸坠下山崖,马郎勇敢地救起了王老爹。王老爹十分感激马郎,也非常喜欢这个年轻人。这时,山下传来小兰动人的歌声,马郎与之对唱。王老爹说,那是我的女儿小兰。我有两个闺女,她们长得一模一样。马郎送给王老爹一朵神奇的马兰花说,问问您的女儿,谁愿意嫁给我,就把这朵花送给她。回到家里,王老爹叙述完自己的经历,大兰立即夺过了马兰花,表示愿意嫁给马郎。但是,她又听爹爹说马郎没有房产和财产,靠勤劳过日子,就立刻丢弃了马兰花,小兰却拾起了马兰花,愿意与马郎共同生活。在圆月当空的夜晚,马郎在大家的陪同下,高擎着一盏盏荷花灯,驾着木船前来迎接新娘小兰。婚礼简朴而又热烈,大家十分快活。从此,小兰与马郎过上了恩爱的甜蜜生活。

3. 诗歌欣赏

马蔺草

(明)吴宽

蘱蘱叶如许,丰草名可当。

花开类兰蕙,嗅之却无香。

不为人所贵,独取其根长。

为帚或为拂,用之材亦良。

根长既入土,多种河岸旁。

岸崩始不善,兰蕙亦寻常。

【功能应用】

1. 在园林绿化上的应用

马兰根系发达,叶量丰富,对环境适应性强,长势旺盛,管理粗放,是节水、抗旱、耐盐碱、抗杂草、抗病虫鼠害的优良观赏地被植物。马兰耐践踏,经历践踏后无须培育即可自我恢复。马兰植株高矮适中,叶多而直立生长,具有较强的吸尘、减噪、降温作用。马兰是一种美丽神奇的荒漠化治理水土保护植物,生命力强,基本不需要日常养护。

2. 在社交礼仪上的应用

马兰蓝紫色的花淡雅美丽,花蜜清香,花期长达50d,可作为切花材料,担当爱的信使,传递爱的信息。

3. 在经济领域里的应用

马兰的根、叶、花与种子均可药用。马兰花可止血利尿,主治喉痹、吐血、衄血、小便不通、淋病、疝气、痈疽等症。马兰种子可清热解毒、止血,主治黄疸、泻痢、白带、痈肿、喉痹、疖肿、风寒湿痹、吐血、衄血、血崩等症。马兰叶治喉痹、痈疽、淋病。马兰的根可治喉痹、痈疽、风湿痹痛。

4.9 木芙蓉

【身份信息】

名　称	木芙蓉(图62)
学　名	*Hibiscus mutabilis*
别　称	芙蓉花、拒霜花、木莲、地芙蓉、华木
科属名	锦葵科,木槿属
分　布	黄河流域至华南各省均有栽培,尤以四川、湖南为多
备　注	成都市市花

【鉴别特征】

1. 形态特征

木芙蓉为落叶灌木或小乔木,高2~5m多。枝干密生星状毛,叶互生,阔卵圆形或圆卵形,掌状3~5浅裂,先端尖或渐尖,两面有星状绒毛。花朵大,单生于枝端叶腋,有红、粉红、白等色,花期8~10月。蒴果扁球形,10~11月成熟。

2. 生活习性

木芙蓉喜温暖湿润和阳光充足的环境,稍耐半阴,有一定的耐寒性。对土壤要求不严,但在肥沃、湿润、排水良好的沙质土壤中生长最好。在寒冷地区地栽的植株冬季有些嫩枝会冻死,等春季气温变暖后就会有新的枝条发出。木芙蓉修剪在花后进行,树型既可修剪成乔木状,又可修剪成灌木状,但无论哪种树型都要剪去枯枝、弱枝、内膛枝,以保证树冠内部有良好的通风透光性。

【精彩赏析】

1. 花言草语

纤细之美,贞操,纯洁,平凡中的高洁。

2. 传奇故事

木芙蓉又名木莲,因花"艳如荷花"而得名,另有一种花色朝白暮红的叫做醉芙蓉。木芙蓉属落叶灌木,开在霜降之后,农历十月就可以在江水边,看到她如美人初醉般的花容。木芙蓉的花神相传是宋真宗的大学士石曼卿。宋代盛传在虚无缥缈的仙乡,有一个开满红花的芙蓉城。据说在石曼卿死后,仍然有人遇到他,在这场恍然若梦的相遇中,石曼卿说他已经成为芙蓉城的城主。因为在众多传闻中,以石曼卿的故事流传最广,后人就以石曼卿为木芙蓉的花神。

3. 诗歌欣赏

木芙蓉

(宋)吕本中

小池南畔木芙蓉,雨后霜前着意红。

犹胜无言旧桃李,一生开落任东风。

【功能应用】

1. 在园林绿化上的应用

木芙蓉花期长,开花旺盛,品种多,其花色、花型随品种不同有丰富变化,是一种很好的园林观花树种。木芙蓉自古以来多在庭园栽植,也可孤植、丛植于墙边、路旁、厅前等处,特别宜于配植水滨,在寒冷的北方也可盆栽观赏。

2. 在社交礼仪上的应用

木芙蓉的花瓣层层叠放,娇嫩如少女,成熟如贵妇,在辉煌后会毫不犹豫地凋谢,象征多变、成熟的性格。

3. 在经济领域里的应用

木芙蓉茎皮含纤维素39%,茎皮纤维柔韧而耐水,可作缆索和纺织品原料,也可造纸。木芙蓉花清热解毒、消肿排脓、凉血止血,内服用于治疗肺热咳嗽、月经过多、白带等症;外用治痈肿疮疖、乳腺炎、淋巴结炎、腮腺炎、烧烫伤、毒蛇咬伤、跌打损伤。

4.10 瑞 香

【身份信息】

名 称	瑞香(图63)
学 名	*DapHne odora*
别 称	睡香、蓬莱紫、千里香、沈丁花
科属名	瑞香科,瑞香属
分 布	原产中国,分布于长江流域以南各省区,现在日本亦有分布
备 注	南昌市市花

【鉴别特征】

1. 形态特征

瑞香为常绿直灌木,植株高1.5~2m,枝细长,光滑无毛。单叶互生,长椭圆形,长5~8cm,深绿,质厚,有光泽。花簇生于枝顶端,头状花序有总梗,花被筒状,上端四裂,花径1.5cm,白色,或紫或黄,具浓香有"夺花香""花贼"之称。花期在2~3月,长达40d左右。

瑞香的品种有:白花瑞香,花色纯白;红花瑞香,花红色;紫花瑞香,花紫色;黄花瑞香,花黄色;金边瑞香,叶缘金黄色,花蕾红色,开后白色;毛瑞香,花白色,花被外侧密被灰黄色绢状柔毛;蔷薇瑞香,花瓣内白外浅红;凹叶瑞香,叶缘反卷,先端钝而有小凹缺。

2. 生活习性

瑞香性喜半阴和通风环境,惧暴晒,不耐积旱。瑞香喜肥沃、湿润、排水良好的微弱性土壤,萌发力强,耐修剪。

【精彩赏析】

1. 花言草语

祥瑞、吉利。

2. 传奇故事

相传,李时珍为完成药典巨著《本草纲目》,来到庐山采药,住在东林寺。一天一个右腮红肿的小和尚,忍着剧烈的牙痛喃喃念经,只见老和尚取过一枝干枯的草药给他含在嘴里,顿时肿消痛止。李时珍惊诧不已,连忙向老和尚请教。原来这种神奇的药草,是生长在锦绣谷中的一种常绿小灌木的花。为了寻找这种花,李时珍在锦绣谷中跋涉了三天三夜。第三个夜晚,疲惫至极的李时珍瞌眼微息,朦胧中一股浓烈的香味扑鼻而来。两只缤纷飞舞的彩蝶绕着他轻声呼唤:"李太医,我家大姐有请。"李时珍昂首望去,彩蝶顿时化作两个穿蝶裙的小女孩,将他托起,腾空飞去。只见云头危崖上,一位绰约多姿的仙姑频频向他招手。李时珍大为惊奇,正欲向仙姑打听这种花的下落。仙姑回眸一笑,轻摇翠袖,化作一朵光艳夺目的花朵。李时珍欣喜若狂,急步上前取花,不料脚下一滑,一头栽落在万丈深涧。冷汗淋漓的李时珍,大喊一声,从梦中惊醒,但见所依山崖岩隙间,一丛盛开的花朵,沐浴在月色之中,流光溢彩,楚楚动人。李时珍便把它取名"睡香"。后来睡香之名传及四方,人们争相引种,并视之为祥瑞的征兆,于是改名"瑞香"。

3. 诗歌欣赏

瑞香花

(宋)王十朋

真是花中端,本朝名始闻。

江南一梦后,天下仰清芬。

【功能应用】

1. 在园林绿化上的应用

瑞香的观赏价值很高,其花虽小,却锦簇成团,花香清馨高雅。瑞香最适合植于林间空地、林缘道旁、山坡台地及假山阴面,若散植于岩石间则风趣益增。日本的庭院中也十分喜爱使用瑞香,多将它修剪为球形,种于松柏之前供点缀之用。

2. 在社交礼仪上的应用

瑞香是我国传统名花,古代诗词中有颇多赞咏之词,此外也可做成盆景观赏,寓意祥瑞、吉祥。

3. 在经济领域里的应用

瑞香的茎皮纤维为造纸的良好原料。瑞香的根、茎、叶、花均可入药,性甘无毒,具有清热解毒、消炎去肿、活血去瘀的功能。民间常用鲜叶捣烂治咽喉肿痛、牙齿痛、血疗热疖等症,用其花浸酒檫涂治疗无名肿毒及各种皮肤病。

4.11 芍 药

【身份信息】

名　　称	芍药(图64)
学　　名	*Paeonia lactiflora*
别　　称	将离、离草、婪尾春、余容、犁食、没骨花、黑牵夷、红药
科属名	芍药科,芍药属
分　　布	我国东北、华北、陕西,以及朝鲜、蒙古、俄罗斯等
备　　注	扬州、亳州等市市花

【鉴别特征】

1. 形态特征

芍药为多年生草本花卉,花一般独开在茎的顶端或近顶端叶腋处,也有一些稀有品种,2花或3花并出的。原种花白色,花径8~11cm,花瓣5~13枚,倒卵形,雄蕊多数,花丝黄色,花盘浅杯状,包裹心皮基部,顶端钝圆,心皮3~5枚,无毛或有毛,顶具喙。园艺品种花色丰富,有白、粉、红、紫、黄、绿、黑和复色等,花径10~30cm,花瓣可达上百枚,有的品种甚至有880枚,花型多变。花期在5~6月。

2. 生活习性

芍药是典型的温带植物,喜温耐寒,有较宽的生态适应幅度。在中国北方地区可以露地栽培,耐寒性较强,在黑龙江省北部嫩江县一带,年生长期仅120d,极端最低温度为-46.5℃的条件下,仍能正常生长开花,露地越冬。夏天适宜凉爽气候,但也颇耐热,如在安徽亳州,夏季极端最高温度达42.1℃,也能安全越夏。

芍药生长期光照充足,才能生长繁茂,花色艳丽,但在轻阴下也可正常生长发育。在花期可适当降低温度、增加湿度,免受强烈日光的灼伤,从而延长观赏期,但若过度庇荫,则会引起徒长,不能开花或开花稀硫。

芍药是长日照植物,在秋冬短日照季节分化花芽,春天长日照下开花。花蕾发育和开花,均需在长日照下进行。若日照时间过短(8~9h),会导致花蕾发育迟缓,叶片生长加快,开花不良,甚至不能开花。

芍药是深根性植物,要求土层深厚;粗壮的肉质根,适宜疏松而排水良好的砂质壤土,在黏土和砂土中生长较差,土壤含水量高、排水不畅,容易引起烂根,以中性或微酸性土壤为宜,盐碱地不宜种植;以肥沃的土壤生长较好,但应注意含氮量不可过高,以防枝叶徒长,生长期可适当增施磷钾肥,以促使枝叶生长苗壮,开花美丽。芍药忌连作,在传统的芍药集中产区,在同一地块上多年连续种植芍药是很普遍的现象,已造成严重的损失,产量和质量下降,甚至导致大面积死亡。所以,必须进行科学合理的轮作制度。

【精彩赏析】

1. 花言草语

美丽动人,依依不舍,难舍难分。

2. 传奇故事

沉香亭,是唐明皇欢宴群臣,与杨氏姐妹纵情游乐的地方。沉香亭不仅亭榭轩昂,而且终年花草树木非凡。唐明皇常常诏命各地园丁到御花园种植,有成者赏,无功者罚,各地养花能手无不终日惴惴。

有个老者名叫宋单父,专养芍药,能将扬州芍药移植北方,色泽更鲜,花朵更大。宋单父也被召入宫中,在沉香亭畔种植芍药,有命须使牡丹开过芍药继之。白天有帝王嫔妃达官贵人游玩,老翁必须回避,只在三更之后才能耘植养护。可是偏这一年阴阳不和,暖气不动,到了开花季节不见蓓蕾萌发。

芍药仙子们心地是极善良的,阳气不动而要呈芳艳必须要打破常规,于是众花仙议定大家合力,一定能胜天。于是,在次日清晨芍药忽然开放，每一枝头开放两朵，姿态各异，在朝露煦风中皆呈深红色，宫内哗然，明皇、贵妃、文武官员皆来观赏。正在赞叹不已时，天已正午，芍药突然变得深碧色，如同碧玉般，众人大奇，观者愈多。待到暮色降临，一片片芍药花瓣皆呈深黄色。明月升起，月光之下，花儿又变成粉白色。随着色泽的变化，香气也各异，时而幽香，时而浓郁，众人如醉如痴。芍药仙子在一日之内呈芳，自然把沉香亭畔装点得胜过瑶池。众嫔妃在芍药仙子映衬下黯然失色，心中不快，说是花妖作怪，有意将芍药砍除并降罪宋单父。

芍药仙子深感不平，这一夜唐明皇与杨贵妃醉卧华清宫，芍药仙子便连夜赴骊山开放。次日清晨唐明皇与贵妃宿酒初醒，更是惊异不止，便携手并肩同赏芍药。唐明皇便亲折一枝芍药送到贵妃面前，贵妃含笑嗅其香，观其艳。唐明皇见爱妃如此怡悦，便说："不只是萱草能使人忘忧，芍药的花香色艳更能醒酒。"

上有所好，下必甚之。自从唐明皇一句话以后，用芍药花香来醒酒的风气便风靡一时，朝野上下，凡有宴饮必定将各色芍药折下，放在海盘之内，摆在餐桌中心。

3. 诗歌欣赏

感芍药花寄止一上人

（唐）白居易

今日阶前红芍药，几花欲老几花新。

开时不解比色相，落后始知如幻身。

空门此去几多地？欲把残花问上人。

【功能应用】

1. 在园林绿化上的应用

芍药花大艳丽，品种丰富，在园林中常成片种植，花开时十分壮观，是公园中或花坛上的主要花卉。芍药或沿着小径、路旁作带形栽植，或在林地边缘栽培，并配以矮生、匍匐性花卉，有时单株或三四株栽植以欣赏其特殊品型花色。

2. 在社交礼仪上的应用

芍药是重要的切花，象征友谊与爱情。芍药可插瓶，或作花篮。如在花蕾待放时切下，放置冷窖内，可储存数月之久。芍药作切花用的主要为重瓣品种,单瓣的插瓶,几天就瓣落花谢。

3. 在经济领域里的应用

芍药根鲜脆多汁,含有芍药甙和安息香酸,用途因品种而异。白芍主要是指芍药的根,它是镇痉、镇痛、通经药,对妇女的腹痛、胃痉挛、眩晕、痛风、利尿等病症有效。赤芍为野生芍药的根,有散瘀、活血、止痛、泻肝火之效,主治月经不调、瘀滞腹痛、关节肿痛、胸痛、肋痛等症。

芍药的种子可榨油供制肥皂和掺和油漆做涂料用。根和叶富有鞣质,可提制栲胶,也可用做农药,杀大豆蚜虫和防治小麦秆锈病等。

4.12　小丽花

【身份信息】

名　　称	小丽花(图65)
学　　名	*Dahlia pinnata*
别　　称	小丽菊、小理花
科属名	菊科,大丽花属
分　　布	原产墨西哥的海拔1 500m的高原上,现世界广泛栽培
备　　注	包头市市花

【鉴别特征】

1. 形态特征

小丽花为多年生球根草本植物,化色绚烂,灼灼照人,状态万千。小丽花的形态与大丽菊相似,是同属植物,唯植株比大丽菊矮小,株高仅30~40cm。头状花序,一个总花梗上可着生数朵花,每株可同时开放5~8朵单花。花色丰富多彩,有大红、粉红、桔红、紫红、墨红、蓝紫、黄、白等色彩,并有重瓣与单瓣。花朵高出叶丛,在气候条件适宜的情况下,可连续开花4~5个月。

2. 生活习性

小丽花喜阳光,生长适温以10℃~25℃为好,既怕炎热,又不耐寒,温度0℃时块根受冻,夏季高温多雨地区植株生长停滞,处于半休眠状态。小丽花既不耐干旱,更怕水涝,忌重黏土,受渍后块根腐烂,要求疏松肥沃而又排水畅通的沙质壤土。小丽花阶段发育的时间极短,从播种到开花只需70d。据此特性,将小丽花分期播种,即可在节日开花观赏。例如,2月上旬在塑料大棚内播种,4片真叶时上盆,置阳光充足处,"五·一"节就可开花;6月底露地播种,两周后移栽于花盆中,9月底满株盛开艳丽的花朵,为国庆节增添喜色。12月至次年1月份播种的小丽花在低温温室中可正常生长,为防止叶片徒长,可喷施150ppm的多效唑溶液1~2次,开春后即能形成花蕾,作为早春的盆花上市(或作切花),更受欢迎。

【精彩赏析】

1. 花言草语

憧憬、希望、未来。

2. 传奇故事

小丽花是内蒙古包头的市花,纯洁美丽,深受人们喜爱。相传,一位大商人,在内蒙古包头客逝,其妻痛不欲生,一定要找到他的骸骨回乡安葬,但她也在寻觅路上抱病而终。其后人辗转几十年才找到他们长眠之地:一片美丽广阔的草原,热情善良的牧民,动人的马头琴,还有那清香朴实的小丽花迎风飞舞,仿佛在诉说这对夫妻的真实故事。

3. 诗歌欣赏

小丽花

作词:叶风　作曲:黄界雄

小丽花,可爱之花,美丽的草原是你的家,善良的人们,热情的酥茶,你的微笑映红彩霞;

小丽花,纯洁之花,广阔的草原是你的家,多少年风雨,动人的琴声,你的柔情随风飘洒;

小丽花,芬芳之花,追寻梦想,漂泊天涯。

小丽花,圣洁之花,忘记忧伤,快快回家。

【功能应用】

1. 在园林绿化上的应用

小丽花花期长,花色艳丽多彩,花型变化多,可布置花坛、花径。

2. 在社交礼仪上的应用

小丽花可盆栽观赏或做切花,表达对美好事的憧憬,深受人们的喜爱。

3. 在经济领域里的应用

初霜后挖起小丽花膨大的根,去掉顶端茎基和下面细根,充分洗净、晾干,每1kg白酒放入100~150g(3~5块),浸泡5d,待酒有香味,显微黄色时即可饮用,有增食欲、助消化功效。

4.13　迎春花

【身份信息】

名　称	迎春花(图66)
学　名	*Jasminum nudiflorum*
别　称	金腰带、小黄花、黄梅、清明花、黄素馨
科属名	木犀科,素馨属
分　布	产于中国甘肃、陕西、四川、云南、西藏
备　注	鹤壁市市花

【鉴别特征】

1. 形态特征

迎春花为落叶灌木,枝条细长,呈拱形下垂生长,长可达2m以上。侧枝健壮,四棱形,绿色。三出复叶对生,长2~3cm,小叶卵状椭圆形,表面光滑,全缘。花单生于叶腋间,花冠高脚杯状,鲜黄色,顶端6裂,或成复瓣。花期2~4月,可持续50d之久。

2. 生活习性

迎春花喜光,稍耐阴,略耐寒,怕涝,在华北地区可露地越冬,要求温暖而湿润的气候,疏松肥沃和排水良好的沙质土,在酸性土中生长旺盛,碱性土中生长不良。迎春花根部萌发力强,枝条着地部分极易生根。

【精彩赏析】

1. 花言草语

相爱到永远。

2. 传奇故事

传说,禹带领人们察找水路的时候,在涂山遇到了一位姑娘,这姑娘给他们烧水做饭,帮他们指点水源。大禹感激这个姑娘,这姑娘也很喜欢禹,两人就成亲了。

禹因为忙着治水,他们相聚了几天就分手了。临走时,姑娘把禹送了一程又一程。当来到一座山岭上时,禹就对她说:"送到什么时候也得分别啊!我不治好水是不会回头的。"姑娘两眼含泪看着禹说:"你走吧,我就站在这里,要一直看到你治平洪水,回到我的身边。"大禹临别,把束腰的荆藤解下来,递给姑娘。姑娘摸着那条荆藤腰带,说:"去吧,我就站在这里等,一直等到荆藤开花,洪水停流,人们安居乐业时,我们再团聚。"大禹离别姑娘就带领众人踏遍九州,开挖河道。

几年以后,江河疏通,洪水归海,庄稼出土,杨柳发芽了,人民终于安居了。大禹高高兴兴连夜赶回来找心爱的姑娘。他远远看见姑娘手中举着那束荆藤,正立在那高山上等他。可是,当他到眼前一看,原来那姑娘早已变成石像了。原来,自大禹走后,姑娘就每天立在这山岭上张望,不管刮风下雨,天寒地冻,从来没走开。

后来,草锥子穿透她的双脚,草籽儿在她身上发了芽,生了根,她还是手举荆藤张望。天长日久,姑娘就变成了一座石像,她的手和荆藤长在一起了,她的血浸着荆藤。不知过了多久,荆藤竟然变得青嫩,发出了新的枝条。禹上前呼唤着心爱的姑娘,泪水落在大石像上,霎时间那荆藤竟开出了一朵朵金黄的小花儿。荆藤开花了,洪水消除了。大禹为了纪念姑娘的心意,就给这荆藤花儿起名叫"迎春花"。

3. 诗歌欣赏

玩迎春花赠杨郎中

(唐)白居易

金英翠萼带春寒,黄色花中有几般。

凭君与向游人道,莫作蔓菁花眼看。

【功能应用】

1. 在园林绿化上的应用

迎春花枝条披垂,冬末至早春先花后叶,花色金黄,叶丛翠绿,园林中宜配置在湖边、溪畔、桥头、墙隅,或草坪、林缘、坡地。房屋周围栽植,可供早春观花。

2. 在社交礼仪上的应用

迎春花与梅花、水仙和山茶花统称为"雪中四友",是中国名贵花卉之一。

3. 在经济领域里的应用

迎春花的花和叶均可入药。叶:解毒消肿、止血、止痛,用于治疗跌打损伤、外伤出血、口腔炎、痈疖肿毒、外阴瘙痒等症。花:清热利尿、解毒,用于治疗发热头痛、小便热痛、下肢溃疡等症。

4.14 栀子花

【身份信息】

名　　称	栀子花(图67)
学　　名	*Gardenia jasminoides*
别　　称	黄栀子、水横枝、山栀花
科属名	茜草科,栀子属
分　　布	贵州、浙江、江苏、安徽、江西、福建、河南、湖北、湖南、四川、陕西、日本、朝鲜、印度等有野生或栽培
备　　注	常德、岳阳等市市花

【鉴别特征】

1. 形态特征

栀子为常绿灌木,植株大多比较低矮,高1~2m,干灰色,小枝绿色。单叶对生或主枝三叶轮生,叶片呈倒卵状长椭圆形,有短柄,长5~14cm,顶端渐尖,稍钝头,叶片革质,表面翠绿有光泽,仅下面脉腋内簇生短毛,托叶鞘状。花单生枝顶或叶腋,有短梗,白色,大而芳香,花冠高脚碟状，一般呈六瓣，有重瓣品种（大花栀子），花萼裂片倒卵形至倒披针形伸展，花药露出。浆果卵状至长椭圆状，有5~9条翅状直棱，黄色或橙色，1室，种子多而扁平，嵌生于肉质胎座上。花期较长，从5~6月连续开花至8月，果熟期在10月。

2. 生活习性

栀子喜温暖、湿润、光照充足且通风良好的环境，但忌强光暴晒，适宜在稍庇荫处生活，耐半阴，怕积水，不耐寒，在东北、华北、西北只能作温室盆栽。栀子宜用疏松肥沃、排水良好的轻粘性酸性土壤种植，是典型的喜酸性花卉。

【精彩赏析】

1. 花言草语

坚强、永恒的爱、一生的守候、我们的爱。

2. 传奇故事

有位长得贤淑优雅的清纯少女，名叫Gardenia。她有个癖好，就是喜欢白色的东西，从身上的衣着至居家的一切家具，都是使用白色的。她是一位虔诚的信徒，祈求将来能嫁给一位与她同样的夫婿。

在某个冬天的夜里，有人来敲门，她开门一看，竟是一位穿着白色衣着和长着白色翅膀的天使，天使对他说："我是纯洁的天使，我知道在这世界上有位可以与你匹配的纯洁男性，所以特地赶来告诉你。"并从怀里掏出一粒种子对她说："这是一颗天国里才有的花种子，你只要将它种在盆钵里，每天浇水，第八天它就会发芽，枝叶也会慢慢地茂盛起来，而最重要的是，你必须天天保持身心的纯洁，而且要每天吻它一次。"当少女还没有来得及问清花名时，天使已消失在黑夜里。

Gardenia依照吩咐小心的栽培这颗种子，终于看到它开出纯白典雅的花朵。某天夜里，天使又出现了，女孩高兴地述说那朵清香的美丽花朵以及一年来的心得。天使就说："你真是位圣洁的少女，你将可以得到最清纯的男士来与你搭配成双。"说完，天使的翅膀竟落了下来，变成一位英俊潇洒的美少年。他们终于配成双，过着幸福快乐的日子。这纯洁典雅漂亮的白色花朵，就是栀子花。

3. 诗歌欣赏

栀子

(唐)杜甫

栀子比众木,人间诚未多。

于身色有用,与道气伤和。

红取风霜实,青看雨露柯。

无情移得汝,贵在映江波。

【功能应用】

1. 在园林绿化上的应用

栀子枝叶繁茂,叶色四季常绿,花芳香素雅,绿叶白花,格外清丽可爱,为庭院中优良的美化材料。栀子适用于阶前、池畔和路旁配植,也可做花篱、盆栽等。

2. 在社交礼仪上的应用

栀子可作盆景观赏,花可作插花和佩带装饰,寓意坚强和永恒的爱。

3. 在经济领域里的应用

栀子果皮可作黄色染料。它的木材坚硬细致,为雕刻良材。栀子根、叶、果实均可入药,有泻火除烦、消炎祛热、清热利尿、凉血解毒的功效。栀子花含有纤维素,能促进大肠蠕动,帮助大便的排泄,预防痔疮的发作和直肠癌瘤的发生。

4.15 紫 薇

【身份信息】

名　称	紫薇(图68)
学　名	*Lagerstroemia indica*
别　称	百日红、满堂红、痒痒花、无皮树
科属名	千屈菜科,紫薇属
分　布	原产于亚洲,现广植于热带地区
备　注	金坛、泰安、徐州、安阳、襄樊、自贡等市市花

【鉴别特征】

1. 形态特征

紫薇为落叶灌木或小乔木,有时呈灌木状,高3~7m;树皮易脱落,树干光滑;幼枝略呈四棱形,稍成翅状。叶互生或对生,近无柄;椭圆形、倒卵形或长椭圆形,长3~7cm,宽2.5~4cm,光滑无毛或沿主脉上有毛。圆锥花序顶生,长4~20cm,花径2.5~3cm;花萼6浅裂,裂片卵形,外面平滑;花瓣6,紫色、红色、粉红色或白色,边缘有不规则缺刻,基部有长爪;雄蕊36~42,外侧6枚花丝较长;子房6室。蒴果椭圆状球形,长9~13mm,宽8~11mm,6瓣裂。种子有翅。花期为6~9月,果期在9~12月。

2. 生活习性

紫薇喜暖湿气候,喜光,略耐阴;喜肥,尤喜深厚肥沃的砂质壤土;忌涝,忌种在地下水位高的低湿地方;能抗寒,萌蘖性强,不论钙质土或酸性土都生长良好。紫薇还具有较强的抗污染能力,对二氧化硫、氟化氢及氯气的抗性较强。

【精彩赏析】

1. 花言草语

沉迷的爱,好运,雄辩。

2. 传奇故事

传说,在远古时代,有一种凶恶的野兽名叫年,它伤害人畜无数,于是紫微星下凡,将它锁进深山,一年只准它出山一次。为了监管年,紫微星便化作紫薇花留在人间,给人间带来平安和美丽。

3. 诗歌欣赏

紫薇花

(唐)白居易

紫薇花对紫微翁,名目虽同貌不同。

独占芳菲当夏景,不将颜色托春风。

浔阳官舍双高树,兴善僧庭一大丛。

何似苏州安置处,花堂栏下月明中。

【功能应用】

1. 在园林绿化上的应用

紫薇作为优秀的观花乔木,广泛用于公园、庭院、道路及街区绿化,常植于建筑物前、院落内、池畔、河边、草坪旁及公园小径两旁。

2. 在社交礼仪上的应用

紫薇古树,虽桩头朽枯,而枝繁叶茂,色艳而穗繁,如火如茶,令人精神振奋,是制作盆景的好材料。花枝可用作插花,寓意沉迷的爱、交好运。

3. 在经济领域里的应用

紫薇的木质坚硬、耐腐,可制作农具、家具等。紫薇以根、树皮入药,夏秋采取剥落的树皮,晒干备用,根可随采随用,具有活血、止血、解毒、消肿作用,用于治疗各种出血、骨折、乳腺炎、湿疹、肝炎、肝硬化腹水等症。

参考文献

[1] 包满珠.花卉学[M].第2版.北京:中国农业出版社,2003.

[2] 冯天哲,余舒.礼仪花卉[M].北京:中国农业出版社,1994.

[3] 顾雪梁.中外花语花趣辞典[M].杭州:浙江人民出版社,2000.

[4] 何小颜.花与中国文化[M].北京:人民出版社,1999.

[5] 李少球.新潮花卉[M].广州:广东科技出版社,1995.

[6] 刘祖祺,王意成.花艺鉴赏[M].北京:中国农业出版社,1999.

[7] 金波.四季名优花卉栽培技术[M].北京:农村读物出版社,1995.

[8] 孙伯筠.花卉鉴赏与花文化[M].北京:中国农业大学出版社,2006.

[9] 涂传林.花卉栽培与礼仪花卉的制作和应用[M].合肥:安徽人民出版社,2006.

[10] 王大钧.家庭养花全典[M].上海:上海文化出版社.1991.

[11] 王莲英,朱秀珍,虞佩珍.名贵花卉宝典[M].合肥:安徽科学技术出版社,2001.

[12] 王增.芳香花卉美味大众食谱[M].北京:人民军医出版社,1995.

[13] 吴涤新.花卉应用与设计[M].修订本.北京:中国农业出版社,1999.

[14] 徐德怀.花卉食品[M].北京:中国轻工业出版社,2000.

[15] 杨先芬.花卉文化与园林观赏[M].北京:中国农业出版社,2005.

[16] 张淑梅.世界各国国花国树[M].重庆:重庆出版社,2006.

附 录

本书所选中外名花一览表

序号	花名	国花	省花	市花
1	白兰花	危地马拉、厄瓜多尔		东川市、潮州市
2	雏菊	意大利		
3	大丽菊	墨西哥	吉林省	张家口市
4	丁香	坦桑尼亚	黑龙江省	呼和浩特市、西宁市
5	杜鹃	尼泊尔、朝鲜	江西省	长沙市、大理市、丹东市、嘉兴市、井冈山市、韶关市、台北市、无锡市
6	凤尾兰	塞舌尔		
7	扶桑	斐济、马来西亚、苏丹		南宁市
8	荷花	斯里兰卡、印度	澳门特别行政区、湖南省	济南市、许昌市、肇庆市
9	火绒草	瑞士、奥地利		
10	鸡蛋花	老挝		
11	姜花	古巴		
12	金合欢	澳大利亚		
13	菊花	日本(皇室)	北京市	开封市、南通市、太原市、彰化市、中山市
14	卡特兰	哥伦比亚、哥斯达黎加		
15	兰花	巴拿马	浙江省	绍兴市
16	铃兰	芬兰、瑞典		
17	龙船花	缅甸		
18	毛蟹爪兰	巴西		
19	玫瑰	美国、保加利亚、英国		承德市、兰州市、沈阳市、乌鲁木齐市、银川市
20	茉莉花	菲律宾	江苏省	福州市

序　号	花　名	国　花	省　花	市　花
21	木　棉	阿根廷	广东省	广州市
22	欧石楠	挪威		
23	三角梅	赞比亚	海南省	厦门市、深圳市、惠州市、江门市
24	三色堇	波兰、冰岛		
25	石　榴	西班牙		合肥市、西安市、黄石市、荆门市、新乡市、十堰市
26	矢车菊	德国、马其顿		
27	睡　莲	孟加拉国、埃及		
28	素馨花	巴基斯坦		
29	万代兰	新加坡		
30	仙客来	圣马力诺		青州市
31	仙人掌	墨西哥		
32	向日葵	俄罗斯、秘鲁		
33	熏衣草	葡萄牙		
34	雁来红	葡萄牙		
35	樱　花	日本(民间)		
36	虞美人	比利时		
37	郁金香	荷兰、土耳其	甘肃省	
38	月　季	卢森堡	北京市、天津市	青岛市、南昌市、安庆市、蚌埠市、常州市、大连市、德阳市、恩施市、阜阳市、衡阳市、淮南市、淮阴市、焦作市、平顶山市、商丘市、邵阳市、西昌市、鹰潭市、郑州市、驻马店市、芜湖市
39	鸢　尾	法国		
40	白玉兰		上海市	
41	百　合		陕西省	
42	桂　花		广西壮族自治区	桂林市、杭州市、泸州市、马鞍山市、南阳市、苏州市、合肥市
43	黄山杜鹃		安徽省	黄山市
44	金老梅		内蒙古自治区	
45	腊　梅		河南省	鄢陵市
46	梅　花		湖北省	丹江口市、南京市、武汉市、无锡市
47	牡　丹		山东省	洛阳市、菏泽市、铜陵市、宁国市、牡丹江市

序　号	花　名	国　花	省　花	市　花
48	山茶花		云南省、重庆市	昆明市、青岛市、金华市、景德镇市、宁波市、温州市、万县市
49	水　仙		福建省	漳州市
50	太平花		河北省	
51	天女花		辽宁省	本溪市
52	榆树梅		山西省	
53	紫荆花		香港特别行政区	湛江市
54	刺　桐			泉州市
55	凤凰木			汕头市
56	红檵木			株洲市
57	红　柳			格尔木市
58	黄刺玫			阜新市
59	君子兰			长春市
60	琼　花			扬州市
61	马　兰			鄂托克前旗
62	木芙蓉			成都市
63	瑞　香			南昌市
64	芍　药			扬州市、亳州市
65	小丽花			包头市
66	迎春花			鹤壁市
67	栀子花			常德市、岳阳市
68	紫　薇			金坛市、泰安市、徐州市、安阳市、襄樊市、自贡市

195

附　录

附 图

本书所选中外名花图片

图1 白兰花

图2 雏菊

图3 大丽菊

图4 丁香

图5 杜鹃

图6 凤尾兰

图7 扶桑

图8 荷花

图9 火绒草

图10 鸡蛋花

图11 姜花

图12 金合欢

图13　菊　花

图14　卡特兰

图15　兰　花

图16　铃　兰

图17　龙船花

图18　毛蟹爪兰

图19　玫　瑰

图20　茉莉花

图21　木　棉

图22　欧石楠

图23　三角梅

图24　三色堇

图25 石 榴

图26 矢车菊

图27 睡 莲

图28 素馨花

图29 万代兰

图30 仙客来

图31 仙人掌

图32 向日葵

图33 薰衣草

图34 雁来红

图35 樱 花

图36 虞美人

图37　郁金香

图38　月　季

图39　鸢　尾

图40　白玉兰

图41　百　合

图42　桂　花

图43　黄山杜鹃

图44　金老梅

图45　腊　梅

图46　梅　花

图47　牡　丹

图48　山茶花